计算机科学与技术专业核心教材体系建设 —— 建议使用时间

机器学习
物联网导论
大数据分析技术
数字图像技术

计算机图形学

人工智能导论
数据库原理与技术
嵌入式系统

计算机体系结构
软件工程综合实践

软件工程
编译原理

算法设计与分析

计算机网络

数据结构

计算机系统综合实践

面向对象程序设计
程序设计实践

操作系统

计算机原理

计算机程序设计

数字逻辑设计
数字逻辑设计实验

电子技术基础

离散数学(下)

离散数学(上)
信息安全导论

大学计算机基础

| 课程系列 | 基础系列 | 电类系列 | 程序系列 | 系统系列 | 应用系列 | 选修系列 |

一年级上
一年级下
二年级上
二年级下
三年级上
三年级下
四年级上
四年级下

U0362288

面向新工科专业建设计算机系列教材

软件质量保证与测试
微课版

黄　艳　朱会东　李朝阳◎编著

清华大学出版社
北京

内 容 简 介

本书在全面介绍软件质量、软件质量保证、软件测试、测试用例、测试阶段以及软件缺陷等基本知识的基础上，着重介绍等价类划分、边界值分析、因果图、判定表等黑盒测试方法和逻辑覆盖、基本路径测试等白盒测试方法，并分别通过综合实例的测试用例设计来说明如何应用常用的测试方法进行测试设计。

全书分10章；第1～4章主要介绍基础知识；第5章和第6章分别讨论常用黑盒测试方法、白盒测试方法的本质和应用；第7章阐述不同测试阶段的测试内容和测试策略；第8～10章内容围绕软件缺陷管理流程、自动化测试和单元测试工具JUnit的使用进行介绍。

本书适合作为高等院校计算机、软件工程专业高年级本科生的教材，也可供对软件工程比较熟悉的软件开发人员、广大科技工作者和研究人员参考。

图书在版编目（CIP）数据

软件质量保证与测试：微课版/黄艳，朱会东，李朝阳编著. —北京：清华大学出版社，2023.8

面向新工科专业建设计算机系列教材

ISBN 978-7-302-63905-3

Ⅰ.①软…　Ⅱ.①黄…　②朱…　③李…　Ⅲ.①软件质量－质量管理－高等学校－教材②软件－测试－高等学校－教材　Ⅳ.①TP311.5

中国国家版本馆 CIP 数据核字(2023)第 114681 号

责任编辑：白立军　薛　阳
封面设计：刘　乾
责任校对：徐俊伟
责任印制：杨　艳

出版发行：清华大学出版社
　　　网　　　址：http://www.tup.com.cn, http://www.wqbook.com
　　　地　　　址：北京清华大学学研大厦 A 座　　　　　邮　　编：100084
　　　社　总　机：010-83470000　　　　　　　　　　　邮　　购：010-62786544
　　　投稿与读者服务：010-62776969，c-service@tup.tsinghua.edu.cn
　　　质量反馈：010-62772015，zhiliang@tup.tsinghua.edu.cn
　　　课件下载：http://www.tup.com.cn，010-83470236
印　装　者：三河市君旺印务有限公司
经　　　销：全国新华书店
开　　　本：185mm×260mm　　　印　张：13.5　　　插　页：1　　　字　　数：329千字
版　　　次：2023 年 9 月第 1 版　　　　　　　　　　印　　次：2023 年 9 月第 1 次印刷
定　　　价：49.00 元

产品编号：099989-01

出版说明

一、系列教材背景

人类已经进入智能时代,云计算、大数据、物联网、人工智能、机器人、量子计算等是这个时代最重要的技术热点。为了适应和满足时代发展对人才培养的需要,2017年2月以来,教育部积极推进新工科建设,先后形成了"复旦共识""天大行动"和"北京指南",并发布了《教育部高等教育司关于开展新工科研究与实践的通知》《教育部办公厅关于推荐新工科研究与实践项目的通知》,全力探索形成领跑全球工程教育的中国模式、中国经验,助力高等教育强国建设。新工科有两个内涵:一是新的工科专业;二是传统工科专业的新需求。新工科建设将促进一批新专业的发展,这批新专业有的是依托于现有计算机类专业派生、扩展而成的,有的是多个专业有机整合而成的。由计算机类专业派生、扩展形成的新工科专业有计算机科学与技术、软件工程、网络工程、物联网工程、信息管理与信息系统、数据科学与大数据技术等。由计算机类学科交叉融合形成的新工科专业有网络空间安全、人工智能、机器人工程、数字媒体技术、智能科学与技术等。

在新工科建设的"九个一批"中,明确提出"建设一批体现产业和技术最新发展的新课程""建设一批产业急需的新兴工科专业"。新课程和新专业的持续建设,都需要以适应新工科教育的教材作为支撑。由于各个专业之间的课程相互交叉,但是又不能相互包含,所以在选题方向上,既考虑由计算机类专业派生、扩展形成的新工科专业的选题,又考虑由计算机类专业交叉融合形成的新工科专业的选题,特别是网络空间安全专业、智能科学与技术专业的选题。基于此,清华大学出版社计划出版"面向新工科专业建设计算机系列教材"。

二、教材定位

教材使用对象为"211工程"高校或同等水平及以上高校计算机类专业及相关专业学生。

三、教材编写原则

(1) 借鉴 *Computer Science Curricula* 2013(以下简称 CS2013)。CS2013

的核心知识领域包括算法与复杂度、体系结构与组织、计算科学、离散结构、图形学与可视化、人机交互、信息保障与安全、信息管理、智能系统、网络与通信、操作系统、基于平台的开发、并行与分布式计算、程序设计语言、软件开发基础、软件工程、系统基础、社会问题与专业实践等内容。

(2) 处理好理论与技能培养的关系,注重理论与实践相结合,加强对学生思维方式的训练和计算思维的培养。计算机专业学生能力的培养特别强调理论学习、计算思维培养和实践训练。本系列教材以"重视理论,加强计算思维培养,突出案例和实践应用"为主要目标。

(3) 为便于教学,在纸质教材的基础上,融合多种形式的教学辅助材料。每本教材可以有主教材、教师用书、习题解答、实验指导等。特别是在数字资源建设方面,可以结合当前出版融合的趋势,做好立体化教材建设,可考虑加上微课、微视频、二维码、MOOC 等扩展资源。

四、教材特点

1. 满足新工科专业建设的需要

系列教材涵盖计算机科学与技术、软件工程、物联网工程、数据科学与大数据技术、网络空间安全、人工智能等专业的课程。

2. 案例体现传统工科专业的新需求

编写时,以案例驱动,任务引导,特别是有一些新应用场景的案例。

3. 循序渐进,内容全面

讲解基础知识和实用案例时,由简单到复杂,循序渐进,系统讲解。

4. 资源丰富,立体化建设

除了教学课件外,还可以提供教学大纲、教学计划、微视频等扩展资源,以方便教学。

五、优先出版

1. 精品课程配套教材

主要包括国家级或省级的精品课程和精品资源共享课的配套教材。

2. 传统优秀改版教材

对于已经出版、得到市场认可的优秀教材,由于新技术的发展,计划给图书配上新的教学形式、教学资源的改版教材。

3. 前沿技术与热点教材

反映计算机前沿和当前热点的相关教材,例如云计算、大数据、人工智能、物联网、网络空间安全等方面的教材。

六、联系方式

联系人：白立军

联系电话：010-83470179

联系和投稿邮箱：bailj@tup.tsinghua.edu.cn

面向新工科专业建设计算机系列教材编委会

2019 年 6 月

面向新工科专业建设计算机系列教材编委会

前言

随着软件规模、复杂度的增加,以及新技术的不断涌现,软件系统的运行环境越来越复杂,用户对软件产品质量的要求和响应能力越来越高。对软件设计、开发与实现过程进行监控和管理,增强对软件开发的控制能力,提高软件质量,是软件质量保证与测试的根本目的。然而,软件质量保证与测试活动的组织和实施并非一项简单的作业,而是一项高专业化的技能,涉及许多过程、技术、方法和标准,需要一个较完整的知识体系。

为了满足软件行业的人才需求,目前,国内很多高校已开设了软件质量保证与测试或软件测试课程。为此,我们组织有相关专业教学经验的高校教师共同编写了《软件质量保证与测试(微课版)》一书。

本书的编写一方面基于作者多年的研究成果和教学经验,另一方面也结合了当前软件质量保证与测试领域的最新发展动态。本书作为软件质量保证技术人员、软件测试技术人员以及软件工程技术人员的专业学习参考书,不仅涵盖了软件质量保证、软件测试等基本知识和基本概念的介绍,还着重突出了软件测试技术的应用。本书内容难度深浅适中,案例丰富,并适当地融合了思政元素,力求使读者在理解、掌握专业知识并灵活运用的同时,养成良好的思维模式和学习、生活习惯。

全书参考教学时数为 30~48 学时。全书分为 10 章:第 1~4 章主要介绍基本概念,重点围绕软件质量保证、软件测试和软件缺陷等基础知识;第 5 章内容为黑盒测试,着重讨论等价类划分、边界值分析、因果图、判定表等常用黑盒测试方法的本质和应用;第 6 章内容为白盒测试,着重分析判定覆盖、条件覆盖、判定/条件覆盖和基本路径测试等常用白盒测试方法的本质和应用;第 7 章详细阐述了单元测试、集成测试、系统测试、验收测试等不同测试阶段的测试内容和测试策略;第 8 章主要介绍软件缺陷状态、软件缺陷报告以及软件缺陷管理目标、等级、流程等内容;第 9、10 章主要讨论自动化测试和常用单元测试工具 JUnit 的使用。

本书由郑州轻工业大学黄艳、朱会东和李朝阳共同编写。具体编写分工如下:第 1 章、第 5 章、第 6 章和第 10 章由黄艳编写;第 2~4 章由李朝阳编写;第 7~9 章由朱会东编写。全书由黄艳统稿。

在本书的编写过程中,参阅了很多国内外同行的著作或文章,汲取了该领域最新的研究成果。在此,对这些成果的作者表示诚挚的感谢! 同时,在本书的形成过程中还得到了郑州轻工业大学马军霞和赵晓君老师的真诚帮助,在此表示由衷的感谢!

　　由于编者水平有限,书中难免存在一些疏漏和不足之处,希望有关专家、同行和读者批评指正。

作　者

2023 年 6 月

CONTENTS

目录

概　　述

本章内容
- 软件工程的定义及目标
- 软件质量
- 软件失效
- 软件质量保证和软件测试

学习目标

(1) 理解软件工程的目标和发展趋势。

(2) 了解软件质量的主要特征。

(3) 了解软件失效的概念。

(4) 掌握软件质量保证和软件测试的区别与联系。

学习目标

◈ 1.1　软件和软件工程

互联网正在从消费端向产业端覆盖,这个过程全面推动了大数据、人工智能、物联网、安全等技术的发展,这些技术很多都需要以软件的形式实现落地应用,所以在工业互联网时代,依然离不开软件工程专业人才。

"今天,软件的重要性不言而喻,软件工程的发展也应当跟上时代的步伐,而不能停留在一些陈旧的老观念、老规范、老平台上。"在 2022 年 5 月举行的 SoFlu 软件机器人产品发布会上,中国工程院院士倪光南对软件工程的发展给予了高度期待。

1.1.1　软件的定义及特征

软件是能够完成预定功能和性能的可执行的计算机程序,包括使程序正常执行所需要的数据,还包括在软件开发过程中记录的开发活动及为了维护和使用软件的一系列文档。

软件是一种特殊的产品,具有以下特征。

(1) 软件是逻辑产品,它具有抽象性,与硬件产品有本质的区别。

(2) 软件没有明显的制造过程,要提高软件的质量,必须在软件开发方面下工夫。

(3) 软件在运行使用期间,没有像硬件那样的机械磨损、老化问题,但它存在退化问题，必须对其进行多次修改与维护。

（4）软件的开发和运行受到计算机系统的限制，对计算机系统环境有着不同程度的依赖性。

（5）软件产品大部分是"定做"的。

（6）软件本身是复杂的。

（7）软件成本相当昂贵。

（8）软件的推广应用涉及社会因素。

1.1.2　软件危机

软件危机是指落后的软件生产方式无法满足迅速增长的计算机软件需求，从而导致软件开发与维护过程中出现一系列严重问题的现象，主要表现在以下几个方面。

（1）软件功能与实际需求不符。

（2）软件生产率随着软件规模与复杂性提高而下降，软件生产不能满足日益增长的软件需求。

（3）软件开发费用和进度失控。

（4）软件难以修改、维护。

（5）软件的可靠性差。

（6）软件产品质量难以保证。

（7）软件文档配置没有受到足够的重视。软件文档不完备，并且存在文档内容与软件产品不符的情况。

1.1.3　软件工程的定义及目标

随着计算机硬件的不断完善以及软件全面的发展和创新，软件工程也将向着更加高效化和规范化的方向发展。当前，软件工程所研究的主要内容是软件设计方案、工程管理技术、软件开发模型和工程支持技术。

1. 软件工程的定义

对于软件工程，人们从不同的角度给其下过各种定义。

定义一：软件工程是将系统化的、严格约束的、可量化的方法应用于软件的开发、运行和维护，即将工程化应用于软件。

定义二：软件工程是建立并使用完善的工程化原则，以较经济的手段获得能在实际机器上有效运行的可靠软件的一系列方法。

定义三：软件工程是应用计算机科学、数学、逻辑学及管理科学等原理，开发软件的工程。软件工程借鉴传统工程的原则、方法，以提高质量、降低成本和改进算法。其中，计算机科学、数学用于构建模型与算法，工程科学用于制定规范、设计范型、评估成本及确定权衡，管理科学用于计划、资源、质量、成本等管理。

2. 软件工程的目标和发展趋势

从狭义上说，软件工程的目标是生产出满足预算、按期交付、用户满意的无缺陷的软件，进而当用户需求改变时，所生产的软件必须易于修改。从广义上说，软件工程的目标就是提高软件的质量与生产率，最终实现软件的工业化生产。

凡事预则立，不预则废

任何工作或具体事务，只有首先考虑成熟，确立一个目标和原则，制定一个可行的计划，实施起来才会得心应手，成竹在胸。

在软件工程的发展过程中，主要发生了以下几个方面的改变。

(1) 由于计算机能力正在向服务器端不断靠拢，具备较高的计算机能力和实用的中间件技术是当代发展的潮流，也是大型软件系统在开发过程中的必经之路。

(2) 中间件技术的介入可以有效地节省软件开发人员的时间和精力，软件开发人员可以将大量的时间放在业务逻辑中，进而精简代码行数，使软件开发的规模逐渐缩小，软件工作人员更好地完成本职工作，对其工作进行良好的定位。

(3) 随着互联网不断地发展和普及，原本较为分散的软件开发人员又被重新整合在了一起。

软件工程的以上变化带来了软件工程新的发展趋势。

(1) 全球化合作是未来软件在开发中的新方向。信息化的不断普及，使得软件对开发环境有了更高的要求，应运而生的软件外包公司通过对软件工程进行合理计划，将编程部分、设计思想、软件测试、软件维护和软件发布等各个模块分裂开来，分配给全球不同国家完成，带动软件开发的全球化。

(2) 开放性的软件计算方式是软件工程领域的一种新趋势。软件本身就是一种开放性技术，随着全球化协同合作的不断加强，开放性软件计算趋势必然成为软件工程在未来发展过程中的方向和重点。同时，开放性计算给软件技术开发人员带来了不同程度的便利，这种计算方式更加有利于开发者之间的沟通和交流，在后期的维护中，将更加专业和容易，对于开发者和客户来说，是一个共赢的方式。

(3) 软件开发正逐渐向着模块化思想发展。软件公司在发展过程中的激烈竞争，使得将相似和已知的软件结构进行分类，同时用一定的方式将其模块化成为一种趋势。这种模块化设计思想的提出，不仅提高了企业之间的竞争力和软件开发的效率，还给软件工程技术未来的发展带来了长远的意义。

1.1.4 软件的生存周期

软件生存周期(又称软件生命周期)是从软件的产生直到软件失去使用价值消亡为止的整个过程。一般来说，整个生存周期包括制定计划(定义)、需求分析、软件设计、程序编写、软件测试、运行维护六个时期，每一个时期又划分为若干阶段。每个阶段都有明确的任务、定义、审查、文档以供交流或备查，使规模大、结构复杂和管理复杂的软件开发变得容易控制和管理，软件的质量得到提高。

1. 制定计划

此阶段由软件开发人员和用户通过沟通、讨论,弄清楚用户需要解决的问题。由系统分析员根据对问题的理解,提出系统目标与范围,请用户审查并认可。

2. 需求分析

需求分析的任务是确定所要开发软件的功能需求、性能需求、运行环境约束和外部接口等描述。

3. 软件设计

这一阶段主要根据需求分析的结果,对整个软件系统进行设计,如系统框架设计、数据库设计等。软件设计一般分为概要设计和详细设计。

4. 程序编写

此阶段是将软件设计的结果转换成计算机可运行的程序代码。

5. 软件测试

此阶段是鉴定软件的正确性、完整性、安全性和质量的过程。

6. 运行维护

在软件不能继续适应用户的要求而需要进行修改时,必须对软件进行维护。另外,要延续软件的使用寿命,也需要对软件进行维护。

1.1.5　软件过程

软件过程可理解为围绕软件开发所进行的一系列活动。软件过程也称为软件开发模型。常用的软件开发模型有瀑布模型、快速原型模型、螺旋模型、增量模型、构件集成模型、转换模型、净室模型、统一过程等。

◇ 1.2　软 件 质 量

软件产品与其他产品一样,都是有质量要求的,软件质量关系着软件使用程度与使用寿命,一款高质量的软件更受用户欢迎,它除了满足客户的显式需求之外,往往还满足了客户的隐式需求。

软件质量是使用者与开发者都比较关心的问题,但全面客观地定义和评价一个软件产品的质量并不容易,它并不像普通产品一样,可以通过直观的观察或简单的测量能得出其质量是优还是劣。

IEEE 关于软件质量的定义是:

(1) 系统、部件或者过程满足规定需求的程度。

(2) 系统、部件或者过程满足顾客或者用户需要或期望的程度。

该定义相对客观,强调了产品(或服务)和客户/社会需求的一致性。

ANSI 关于软件质量的定义是:按照 ANSI(美国国家标准学会)在 1983 年的标准陈述,软件质量定义为"与软件产品满足规定的和隐含的需求的能力有关的特征和特性的全体。"

软件质量体现在:

(1) 软件产品中能满足用户给定需求的全部特性的集合。

（2）软件具有所期望的各种属性组合的程度。

（3）用户主观得出的软件是否满足其综合期望的程度。

（4）决定所用软件在使用中将满足其综合期望程度的软件合成特性。

把各类软件综合起来看，可以列出软件质量的下列 6 个主要特征。

（1）功能性：软件实现的功能达到要求的和隐含的用户需求以及设计规范的程度。

（2）可靠性：软件在指定条件和特定时间段内维持性能的能力程度。

（3）易使用性：用户使用该软件所付出的学习精力。

（4）效率：在指定条件下，软件功能与所占用资源之间的比值。

（5）可维护性：当发现错误、运行环境改变或客户需求改变时，程序能修改的容易程度。

（6）可移植性：将软件从一种环境移入另一种环境的容易程度。

主要应从以下几个方面考虑软件质量：软件结构方面、功能与性能方面、开发标准与文档方面。

软件系统规模和复杂性的增加，使得软件开发成本和软件故障而造成的经济损失也在增加，软件质量问题，正成为制约计算机发展的关键因素。

◆ 1.3　软　件　失　效

软件出现的问题有多种形式，会产生各种各样的后果。下面是一些影响巨大的软件失效案例。

（1）案例 1：**Ariane 5 火箭**。1996 年 6 月 4 日，Ariane 5 火箭在法属圭亚那库鲁航天中心首次发射。火箭在发射 37s 之后偏离其飞行路径并突然发生爆炸，与 Ariane 5 火箭一同化为灰烬的还有 4 颗太阳风观察卫星。这是世界航天史上的一大悲剧，也是历史上损失最惨重的软件故障事件。

事后的调查显示，控制惯性导航系统的计算机向控制引擎喷嘴的计算机发送了一个无效数据，其原因在于将一个 64 位浮点数转换成 16 位有符号整数时产生了溢出。这个溢出值测量的是火箭的水平速率，开发人员在设计 Ariane 4 火箭的软件时，认真分析了火箭的水平速率，确定其值绝不会超出一个 16 位数。而 Ariane 5 火箭比 Ariane 4 的速度高出近 5 倍，显然会超出一个 16 位数的范围。不幸的是，开发人员在设计 Ariane 5 火箭时只是简单地重用了这部分程序，并没有检查它所基于的假设。

（2）案例 2：**Therac 25 放射治疗仪**。Therac 系列仪器是由加拿大原子能有限公司（AECL）和法国 CGL 公司联合制造的一种医用高能电子线性加速器，用来杀死病变组织癌细胞，同时使其对周围健康组织的影响尽可能降低，Therac 25 属于第三代医用高能电子线性加速器。20 世纪 80 年代中期，Therac 25 放射治疗仪在美国和加拿大发生了多次医疗事故，5 名患者治疗后死亡，其余患者则受到了超剂量辐射而严重灼伤。

Therac 25 放射治疗仪的事故是由操作员失误和软件缺陷共同造成的。当操作员输入错误而马上纠正时，系统显示错误信息，操作员不得不重新启动机器。在启动机器时，计算机软件并没有切断 X 光束，病人一直在治疗台上接受着过量的 X 光照射，最终使辐射剂量达到饱和的 25 000 拉德，而对人体而言，辐射剂量达到 1000 拉德就已经是致命的了。

（3）**案例 3**："爱国者"导弹。1991 年 2 月 25 日第一次海湾战争期间,部署在沙特阿拉伯的美国"爱国者"导弹系统没能成功拦截飞入伊拉克境内的"飞毛腿"导弹,该"飞毛腿"导弹击中了该地的一个美军军营并导致 28 名士兵阵亡。

事后的政府调查发现,这次拦截失败的原因在于导弹系统时钟内的一个软件错误。该系统预测一个"飞毛腿"导弹下一次将会在哪里出现是通过一个函数来实现的,该函数接收两个参数,即"飞毛腿"导弹的速度和雷达在上一次侦测到该导弹的时间,其中,时间是基于系统时钟时间乘以 1/10 所得到的秒数进行表示。我们知道,计算机中的数字是以二进制形式来表示的,十进制的 1/10 用二进制来表示就会产生一个微小的精度误差。当时该"爱国者"导弹系统的电池已经启动了 100h,系统最终导致的时间偏差达到了 0.34s 之多。一个"飞毛腿"导弹飞行的速度大概是 1676m/s,因此在 0.34s 的误差时间内针对"飞毛腿"导弹就会产生超过 500 米的误差,这个距离显然无法准确地拦截正在飞来的"飞毛腿"导弹。

具有讽刺意味的是,这个时间误差导致的问题在代码的某些部分是进行过修复的,也就是说,有人已经意识到这个错误,但问题在于当时并没有把相关的所有问题代码进行修复,这个时间精度的问题依然存在该系统之中。

（4）**案例 4**：东京证券交易所。2005 年 11 月 1 日,日本东京证券交易所股票交易系统发生大规模系统故障,导致所有股票交易全面告停,短短两个小时造成了上千亿元的损失。故障原因是当年 10 月为增强系统处理能力而更新的交易程序存在缺陷,由于系统升级造成文件不兼容,从而影响交易系统的使用。

（5）**案例 5**：12306 火车票网上订票系统。国内 12306 铁道部火车票网上订票系统历时两年研发成功,耗资 3 亿元人民币,于 2011 年 6 月 12 日投入运行。2012 年 1 月 8 日春运启动,9 日网站点击量超过 14 亿次,系统出现网站崩溃、登录缓慢、无法支付、扣钱不出票等严重问题。2012 年 9 月 20 日,由于正处中秋和"十一"黄金周,网站日点击量达到 14.9 亿次,发售客票超过当年春运最高值,再次出现网络拥堵、重复排队等现象。其故障的根本原因在于系统架构规划以及客票发放机制存在缺陷,无法支持如此大并发量的交易。

2014 年春运火车票发售期间,由于网站对身份证信息缺乏审核,用虚假的身份证号可直接购票,黄牛利用该漏洞倒票。另外,在线售票网站还曝出大规模串号、购票日期穿越等漏洞。

◆ 1.4　软件质量保证和软件测试

1983 年,IEEE 在提出的软件测试文档标准（IEEE Standard for Software Test Document）,即 IEEE 829—1983 中对软件测试进行了准确的定义：

软件测试是使用人工或自动手段来运行或测定某个系统的过程,检验它是否满足规定的需求或者弄清预期结果与实际结果之间的差别。

IEEE 在 1990 年颁布的软件工程标准术语集中沿用了这一概念,该概念非常明确地提出了软件测试以检验是否满足需求为目标。

其次,G. J. Myers 在其经典论著《软件测试的艺术》中对软件测试提出如下观点。

（1）测试是程序的执行过程,目的在于发现错误。

（2）一个好的测试用例可以发现至今尚未发现的错误。

（3）一个成功的测试能发现至今未发现的错误。

软件质量保证是建立一套有计划、有系统的方法,来向管理层保证拟定出的标准、步骤、实践和方法能够正确地被所有项目所采用。软件质量保证的目的是使软件过程对于管理人员来说是可见的。它通过对软件产品和活动进行评审和审计来验证软件是合乎标准的。软件质量保证组在项目开始时就一起参与建立计划、标准和过程。这些将使软件项目满足机构方针的要求。

软件质量保证的关注点集中在于一开始就避免缺陷的产生。质量保证的主要目标是:

(1)事前预防工作,例如,着重于缺陷预防而不是缺陷检查。

(2)尽量在刚刚引入缺陷时即将其捕获,而不是让缺陷扩散到下一个阶段。

(3)作用于过程而不是最终产品,因此它有可能会带来广泛的影响与巨大的收益。

(4)贯穿于所有的活动之中,而不是只集中于一点。

软件质量保证与软件测试的关系如图 1-1 所示。 SQA 侧重对流程中过程的管理与控制,是一项管理工作,侧重于流程和方法。而测试是对流程中各过程管理与控制策略的具体执行实施,其对象是软件产品(包括阶段性的产品),即测试是对软件产品的检验,是一项技术性的工作。测试,常常被认为是质量控制的最主要手段。但是,随着时间的推移,软件质量保证和软件质量控制之间的界限越来越模糊了,两者逐渐合二为一。也就是说,软件测试是 SQA 中的重要手段,SQA 的主要功能在软件测试中得到体现,集中在静态测试中,两者的关系越来越紧密,已无法分开。

图 1-1　软件质量保证与软件测试的关系

◆ 1.5　新时代人才特点

传统软件人才和创新软件人才的特点对比如表 1-1 所示。现代软件研发对软件人才提出的要求如下。

表 1-1　传统软件人才和创新软件人才的特点对比

传统软件人才的特点	创新软件人才的特点
敢冒风险	敢冒风险
有雄心壮志	有雄心壮志

续表

传统软件人才的特点	创新软件人才的特点
能学习,适应新环境	能学习,适应新环境
实事求是的作风	创新精神
有克服困难的毅力	如果对问题有兴趣,则有热情、有主动性
扎实的理论基础,尤其是数学	独立从事研究的能力
很强的编程能力	题目想得远、做得深
讲纪律、讲服从	直截了当地沟通甚至批评和争论
对许多事情都没有主见,即使有想法也不敢说	对什么事都有主见

(1) 专业基础和创新能力。

(2) 具备主人翁精神。

(3) 良好的团队精神。

(4) 从错误中学习的能力。

软件质量的保证需要经过科学手段、大量的数据、可重复的深入研究,而不能靠投机取巧,获得一些肤浅的、无用的、无法重复实现的简单结果。优秀的软件质量保证人员和软件测试员应该具备的素质如下。

(1) 探索者:优秀的软件质量保证人员和软件测试员不会害怕进入陌生环境,他们喜欢拿到新的软件,安装在自己的机器上并观看结果。

(2) 故障排除员:优秀的软件质量保证人员和软件测试员善于发现问题的症结,他们喜欢解谜。

(3) 软件测试员不放过蛛丝马迹:优秀的软件质量保证人员和软件测试员总在不停地尝试。他们可能会碰到转瞬即逝或者难以证实的软件缺陷,当然,他们不会当作偶然而轻易放过,而会想尽一切可能去发现它们。

(4) 具有创造性:优秀的软件质量保证人员和软件测试员的工作是要想出富有创意审视超常的手段来寻找缺陷。

(5) 追求完美:优秀的软件质量保证人员和软件测试员力求完美,但是当知道某些无法企及时,他们不去苛求,而是尽力接近目标。

(6) 判断准确:优秀的软件质量保证人员和软件测试员要判断测试内容、测试时间,以及看到的问题是否是真正的缺陷。

(7) 注重策略和交流:优秀的软件质量保证人员和软件测试员常常带来坏消息。他们必须告诉程序员,你的程序很糟糕。好的软件测试员知道以怎样的策略来沟通这些问题,他们也能够和有时不够冷静的程序员合作。

(8) 善于说服:软件测试员找出的缺陷有时会被认为不重要且不用修复。这时测试员要善于清晰地表达自己的观点,说明软件缺陷为何需要修复,并且推进缺陷的修复。

◇习　　题

一、判断题

1. 程序员与测试工作无关。　　　　　　　　　　　　　　　　　　　　（　　）

2. 软件测试是软件质量保证的一种重要途径。　　　　　　　　　　　　（　　）

3. 软件只要经过严格严谨的内部测试之后,可以做到没有缺陷。　　　　（　　）

4. 软件测试只能发现错误,但不能保证测试后的软件没有错误。　　　　（　　）

二、选择题

1. 软件测试的对象包括(　　　)。

　　A. 目标程序和相关文档

　　B. 源程序、目标程序、数据及相关文档

　　C. 目标程序、操作系统和平台软件

　　D. 源程序和目标程序

2. 调试是(　　　)。

　　A. 发现与预先定义的规格和标准不符合的问题

　　B. 发现软件错误征兆的过程

　　C. 有计划的、可重复的过程

　　D. 消除软件错误的过程

3. 成功的测试是指运行测试用例后(　　　)。

　　A. 未发现程序错误

　　B. 发现了程序错误

　　C. 证明程序正确性

　　D. 改正了程序错误

4. 下面说法正确的是(　　　)。

　　A. 经过测试没有发现错误说明程序正确

　　B. 测试的目标是证明程序没有错误

　　C. 成功的测试是发现了迄今尚未发现的错误的测试

　　D. 成功的测试是没有发现错误的测试

三、简答题

1. 简述什么是软件测试。

2. 软件质量是如何定义的?其含义有哪 4 方面?

3. 简述软件质量和软件缺陷的对立统一关系。

第 2 章 软件质量保证

本章内容
- 软件质量的决定因素
- ISO9126 质量模型
- CMM 认证体系
- SQA 任务和 SQA 活动
- SQA 措施和实施步骤

学习目标
(1) 理解软件质量的决定因素。
(2) 了解 ISO9126、ISO/IEC25010 质量模型。
(3) 掌握 CMM 认证体系。
(4) 理解 SQA 任务、SQA 活动和 SQA 的实施。

◆ 2.1 软件质量的决定性因素

软件质量的普遍原理就是改善质量以降低开发成本。明确地定义软件应该具备的外在特性和内在特性,对应软件开发来说是有必要的。开发人员如果不知道最终要达到的质量目标,很有可能就会演化成一个能跑就行的程序。

2.1.1 质量和质量大师

ISO 关于质量的定义表示如下:一个实体的所有特性,基于这些特性可以满足明显的或隐含的需求。而质量就是实体基于这些实体特性满足需求的程度。

1. 质量实体特例

质量就其本质来说是一种客观实体具有某种能力的属性。例如,榨汁机和酒店的质量就具有不同的能力属性。

1)榨汁机

功能:能够榨豆浆、水果汁。

性能:榨一千克黄豆需要多长时间?

耗能:榨一千克黄豆耗电量多少?

安全性:榨汁过程中有无人体安全防护措施? 有无漏电保护?

可靠性:榨汁机能持续稳定运转多长时间?

易用性：榨汁机的操作是否简单方便?

2）酒店

建筑：客房、西餐厅、宴会厅、酒吧、健身房、……

设施：配套设施的品牌、档次。

环境：交通、风景、……

服务：服务品种、服务态度、响应客户要求的及时性、……

天下难事，必作于易；
天下大事，必作于细。

2. 软件质量的三个层次

从质量的定义,可以引申出不同层次的软件质量。

1）符合需求规格

符合开发者明确定义的目标,即产品是不是在做让它做的事情。目标是开发者定义的,并且是可以验证的。

2）符合用户显式需求

符合用户所明确说明的目标。目标是客户所定义的,符合目标即判断我们是不是在做我们需要做的事情。

3）符合用户实际需求

实际的需求包括用户明确说明的和隐含的需求。

3. 质量大师

在质量行业发展的历史上,涌现出多位质量大师,而我们当今的质量理念,都源于这些大师。

1）戴明

戴明(W.Edwards.Deming)博士是世界著名的质量管理专家,他因对世界质量管理发展做出的卓越贡献而享誉全球。以戴明命名的"戴明品质奖",至今仍是日本品质管理的最高荣誉。作为质量管理的先驱者,戴明学说对国际质量管理理论和方法始终产生着异常重要的影响。

戴明博士生于 1900 年 10 月 14 日。直到 80 岁,也就是美国国家广播公司报道出他的新闻专辑"日本能,我们为什么不能?"(*If Japan Can …Why Can't We?*)之后,他的祖国——美国才终于发现了这位旷世奇才。

戴明提出的 **PDCA** 循环模式,我们现在做的很多事情都可以利用这个观点,如图 2-1 所示。

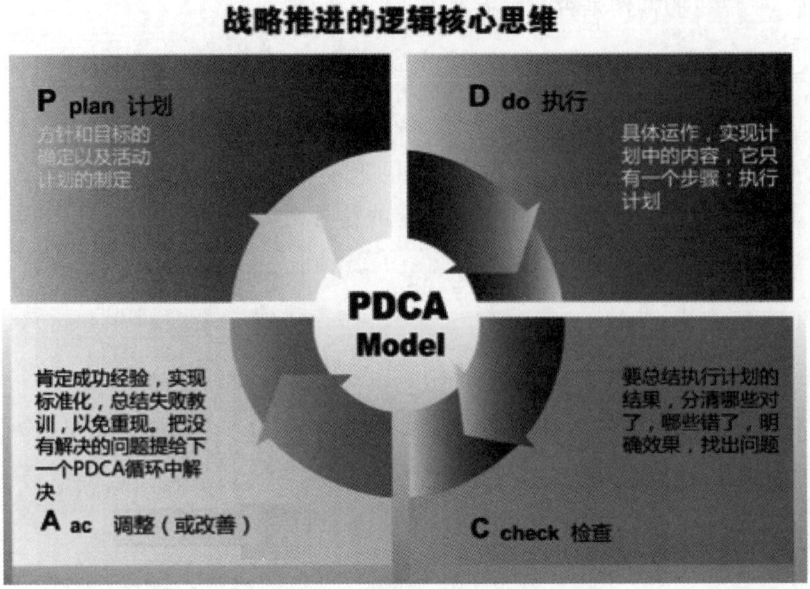

图 2-1 戴明 PDCA 质量理念

PDCA 的含义如下。

(1) P(Plan,计划):通过集体讨论或个人思考,在分析现状的基础上确定某一行动的方案和确认行动目标值。

(2) D(Do,执行):编制执行计划,包括改善细分的项目、改善的目的和效果、执行时间区间、责任人等。

(3) C(Cheek,检查):按照执行计划进行检查及修正计划表,将改善取得的效果与设定的目标进行对比。

(4) A(Act,纠正效果的确认):通过标准化的形式进行巩固,成功的经验要标准化并进行推广,这一轮未解决的问题放到下一个 PDCA 循环。

戴明的学说简洁易明,其主要观点"十四要点"(Deming's 14 Points)成为 21 世纪全面质量管理(TQM)的重要理论基础。以下就是其主要内容。

(1) 创造产品与服务改善的恒久目的。

最高管理层必须从短期目标的迷途中归返,转回到长远建设的正确方向。也就是把改进产品和服务作为恒久的目的,坚持经营,这需要在所有领域加以改革和创新。

(2) 采纳新的哲学。

绝对不容忍粗劣的原料、不良的操作、有瑕疵的产品和松散的服务。

(3) 停止依靠大批量的检验来达到质量标准。

检验其实是等于准备有次品,检验出来时已经太迟,且成本高而效益低。正确的做法是改良生产过程。

(4) 废除"价低者得"的做法。

价格本身并无意义,只是相对于质量才有意义。因此,只有管理当局重新界定原则,采购工作才会改变。公司一定要与供应商建立长远的关系,并减少供应商的数目。采购部门必须采用统计工具来判断供应商及其产品的质量。

（5）不断地及永不间断地改进生产及服务系统。

在每一活动中，必须减少浪费和提高质量，无论是采购、运输、工程、方法、维修、销售、分销、会计、人事、顾客服务及生产制造。

（6）建立现代的岗位培训方法。

培训必须是有计划的，且必须建立于可接受的工作标准上。必须使用统计方法来衡量培训工作是否奏效。

（7）建立现代的督导方法。

督导人员必须要让高层管理者知道需要改善的地方。当知道之后，管理当局必须采取行动。

（8）驱走恐惧心理。

所有同事必须有胆量去发问，提出问题，或表达意见。

（9）打破部门之间的围墙。

每一部门都不应只顾独善其身，而需要发挥团队精神。跨部门的质量圈活动有助于改善设计、服务、质量及成本。

（10）取消对员工发出计量化的目标。

激发员工提高生产率的指标、口号、图像、海报都必须废除。很多配合的改变往往是在一般员工控制范围之外，因此这些宣传品只会导致反感。虽然无须为员工订下可计量的目标，但公司本身却要有这样一个目标：永不间歇地改进。

（11）取消工作标准及数量化的定额。

定额把焦点放在数量，而非质量。计件工作制更不好，因为它鼓励制造次品。

（12）消除妨碍基层员工工作畅顺的因素。

任何导致员工失去工作尊严的因素必须消除，包括不明何为好的工作表现。

（13）建立严谨的教育及培训计划。

由于质量和生产的改善会导致部分工作岗位数目的改变，因此所有员工都要不断接受训练及再培训。一切训练都应包括基本统计技巧的运用。

（14）创造一个每天都推动以上 13 项的高层管理结构。

"十四要点"的核心是：目标不变、持续改善和知识渊博。质量是一种以最经济的手段，制造出市场上最有用的产品。

2）朱兰

约瑟夫·莫西·朱兰（Joseph Moses Juran），世界著名的质量管理专家，20 世纪最伟大的现代质量管理领军人物之一，他将毕生的精力投入到质量管理中并取得了巨大的成就，被誉为质量领域的"首席建筑师""质量之父"，曾提出"零缺陷"的概念。

1904 年，朱兰出生于罗马尼亚，1912 年随家庭移民美国，1917 年加入美国国籍，1924 年毕业于美国明尼苏达大学，获得电气工程学士学位，毕业后加入西方电气公司芝加哥霍桑工厂。

朱兰在 82 岁高龄时发表了一篇著名论文《质量三部曲》，其副标题为"一种普遍适用的质量管理方法"，这就是被世界各国广为推崇的"朱兰三部曲"，即质量策划、质量控制和质量改进。

质量策划：明确了质量管理的目标和实现目标的途径，是质量管理的前提和基础。质量策划的步骤为：(1)设立项目；(2)确定顾客并识别需要；(3)开发产品；(4)设计生产流程；(5)制定控制计划。

质量控制：对过程进行控制保证质量目标的实现。质量控制的步骤为：(1)选定控制对象；(2)确定测量方法；(3)建立作业标准；(4)分析与现行标准的差距；(5)对差距采取行动。

质量改进：通过打破旧的平稳状态而达到新的更高的质量水平。质量改进的步骤为：(1)证实改进的必要并设立项目组；(2)确认质量问题的产生原因；(3)制定并实施纠正措施；(4)验证措施的有放性；(5)在新的水平上进行质量控制。

朱兰认为大部分质量问题是管理层的错误而并非工作层的技巧问题，总的来说，他认为管理层控制的缺陷占所有质量问题的80％还要多。

朱兰首创将人力与质量管理结合起来，如今，这一观点已经包含于全面质量管理的概念之中。

3) 石川馨

石川馨总结了质量控制(QC)小组的七种常用工具，我们称其为 QC 的七大手法。

(1) 因果图。

因果图又称鱼骨图或石川馨图，以其创始人石川馨命名。问题陈述放在鱼骨的头部，作为起点，用来追溯问题来源，回推到可行动的根本原因。在问题陈述中，通常把问题描述为一个要被弥补的差距或要达到的目标。通过看问题陈述和问"为什么"来发现原因，直到发现可行动的根本原因，或者列尽每根鱼骨上的合理可能性，如图 2-2 所示。

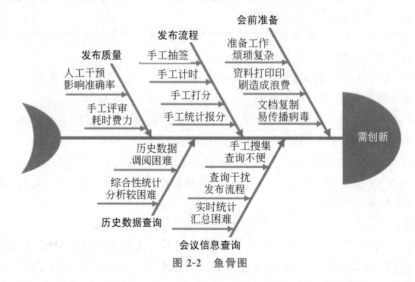

图 2-2　鱼骨图

(2) 流程图。

流程图也称过程图，用来显示在一个或多个输入转换成一个或多个输出的过程中，所需要的步骤顺序和可能分支。它通过映射 SIPOC 流程管理模型中的水平价值链的过程细节，来显示活动、决策点、分支循环、并行路径及整体处理顺序。流程图可能有助于了解和估算一个过程的质量成本。通过工作流的逻辑分支及其相对频率，来估算质量成本。这些逻辑分支，是为完成符合要求的成果而需要开展的一致性工作和非一致性工作的细分。

(3) 核查表。

核查表又称计数表，是用于收集数据的查对清单。它合理排列各种事项，以便有效地收集关于潜在质量问题的有用数据。在开展检查以识别缺陷时,用核查表收集属性数据就特别方便。用核查表收集的关于缺陷数量或后果的数据,又经常使用帕累托图来显示。

（4）帕累托图。

帕累托图是一种特殊的垂直条形图,用于识别造成大多数问题的少数重要原因。在横轴上所显示的原因类别,作为有效的概率分布,涵盖 100% 的可能观察结果。横轴上每个特定原因的相对频率逐渐减少,直至以"其他"来涵盖未指明的全部其他原因。在帕累托图中,通常按类别排列条形,以测量频率或后果,如图 2-3 所示。

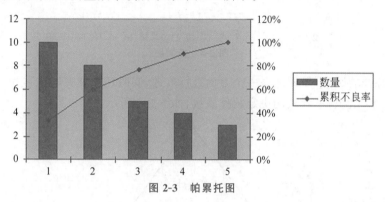

图 2-3　帕累托图

（5）直方图。

直方图是一种特殊形式的条形图,用于描述集中趋势、分散程度和统计分布形状。与控制图不同,直方图不考虑时间对分布内的变化的影响。

（6）控制图。

控制图是一张实时展示项目进展信息的图表。控制图可以判断某一过程处于控制之中还是处于失控状态。图上有三条平行于横轴的直线:中心线（Central Line,CL）、上控制限（Upper Control Limit,UCL）和下控制限（Lower Control Limit,LCL）,并有按时间顺序抽取的样本统计量数值的描点序列,如图 2-4 所示。当一个过程处于控制之中时,这一过程产生的所有变量都由随机事件引发,此时的过程是不需要调整的。当一个过程处于失控状态,这一过程产生的变量由非随机事件引发,此时,需要确认这些非随机事件的原因,通过调整过程来修改或清除它们。查找并分析过程数据中的规律是质量控制的一个重要部分。可以使用质量控制图及七点运行定律寻找数据中的规律。七点运行定律是指如果在一幅质量控制图中,一行上的 7 个数据点都低于平均值或高于平均值,或者都是上升的,或者都是下降的,那么这个过程就需要因为非随机问题而接受检查。控制图可用于监测各种类型的输出变量。虽然控制图最常用来跟踪批量生产中的重复性活动,但也可用来监测成本与进度偏差、产量、范围变更频率或其他管理工作成果,以便帮助确定项目管理过程是否受控。

（7）散点图。

可以显示两个变量之间是否有关系,一条斜线上的数据点距离越近,两个变量之间的相关性就越密切。

2.1.2　软件质量的决定因素

根据质量大师的质量理念,流程、技术、组织是影响软件质量的铁三角,软件质量的提高

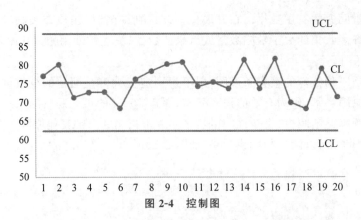

图 2-4　控制图

应该是一个综合的因素,需要从每一个方面进行改进,同时还需要兼顾成本和进度。

流程、技术、组织,三者共同决定软件质量,如图 2-5 所示。

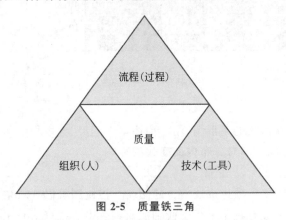

图 2-5　质量铁三角

1. 流程

一个或一系列有规律的行动,这些行动以确定的方式发生或执行,导致特定结果的出现。

软件流程是按照从计划到策略到实现,这种思维来指导软件开发的,并且流程来源于成功的经验,可指导项目少走弯路,从而提高软件质量,提高用户满意度。

2. 技术

承载者是人,包含员工和公司的综合技术能力,包括分析技术、设计技术、编码技术、测试技术等。

分析技术:需求是项目的灵魂,良好的需求分析便是项目成功的关键所在,若是需求分析做不好就不可避免地容易出现返工的现象。

设计技术:软件的质量是设计出来的,良好的设计基本上决定了软件产品的最终质量。

编码技术:编码技术产生正确高效的代码。

测试技术:测试是保证软件的一道防线。所以各种技术对质量来说都是很重要的。

知识拓展

技术和流程的关系:①只有技术没有规范的流程,无法进行现代化的软件开发;②只有流程没有好的技术支撑,无法生产出高质量的软件。

3. 组织

好的组织可以有效地促进流程的实施,同时提供员工的发展通道以吸引更多的人(技术的载体)。组织对质量不产生直接影响,是通过流程和技术间接影响质量的。

知识拓展

组织对技术的影响:①确保专人专职;②确保技术的积累(专利、平台、案例库等)。

知识拓展

组织对流程的影响:组织的规章制度和约束条件,为流程提供强有力的保证。

◇ 2.2　软件质量模型

软件测试的目的就是"验证产品质量是否满足用户的需求"。但是要搞清楚用户的需求并不是一件容易的事,因此在软件测试行业发展的漫长历史中,需要一种方式能够积累广大测试工程师的经验。这里的经验就是如何验证用户的需求。这也促使软件质量模型的诞生。软件质量模型是一个衡量软件整体质量效果的度量标准,反映软件满足明确或隐含需要能力的特性总和。如果测试活动脱离了软件质量模型,那么很有可能会有一些很重要的内容被忽略。软件质量模型发展到现在也经历了很多演进,但是每一种演进都是为了交付好系统而发展的。

质量模型分为基于经验的模型和基于构建的模型两大分类。基于经验的模型,主要是依据质量工作人员的一些实践经验的总结,使用典型的质量因素构建一个多层的质量模型,模型主要包含层次模型、关系模型。基于构建的模型是通过提供一些方法从而构建一个质量模型,这其中重点在于质量属性之间关系的构建以及对质量属性进行分析,在构建模型中典型的就是 Dromey 质量模型。

当前被质量工程领域大部分专家认可的是基于经验的质量层次模型,质量层次模型从 McCall 模型、Boehm 模型,最后发展到了 ISO 系列模型,充分说明了层次模型和质量特性的合理性。但是这也并不是否定了基于经验的关系模型、基于构建的质量模型就是不对的,每一个质量模型都有其在质量管理方面的优越性。

2.2.1　McCall 模型

早在 1976 年,由 Boehm 等提出软件质量模型的分层方案。1979 年,McCall 等人改进了 Boehm 质量模型,提出了从质量要素、准则到度量的三层次软件项目质量度量模型。McCall 软件质量模型从软件产品的运行、修正和转移三个方面确定了 11 个质量特性,如图 2-6 所示。

产品运行方面:正确性、可靠性、易使用性、效率和完整性;

产品修正方面:可维护性、灵活性和可测试性;

产品转移方面:可移植性、复用性和互用性。

McCall 软件质量模型定义的 11 个质量特性如图 2-7 所示。

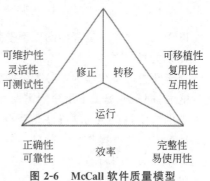

图 2-6　McCall 软件质量模型

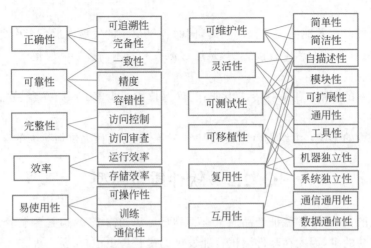

图 2-7　McCall 软件质量模型的质量要素与评价准则

2.2.2　ISO9126 模型

ISO9126 质量模型综合了 Boehm 模型和 McCall 模型的优越性和问题,站在用户、开发者、管理者的角度,从外部质量、内部质量、使用质量三个方面完成了质量模型的建设,从外部和内部对质量进行度量。

1991 年发布的 ISO9126 软件质量模型是评价软件质量的国际标准,由 6 个特性和 27 个子特性组成。ISO9126 软件质量模型可以分为:内部质量和外部质量模型、使用质量模型,如图 2-8 所示。质量模型中又将内部和外部质量分成六个质量特性,将使用质量分成四个质量属性。

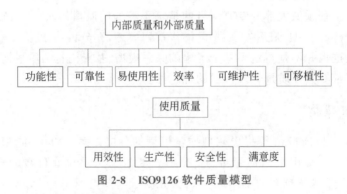

图 2-8　ISO9126 软件质量模型

ISO9126 软件质量模型的内部质量和外部质量模型如图 2-9 所示。

1. 功能性

功能性进一步分解为:①适合性。软件产品为指定的任务和用户目标提供一组合适功能的能力,即软件提供了用户所需要的功能;软件提供的功能是用户所需要的。②准确性。软件提供给用户功能的精确度是否符合目标(例如,运算结果的准确性,数字发生偏差,多个 0 或少个 0)。③互操作性。软件与其他系统进行交互的能力(例如,PC 中 Word 和打印机完成打印互通;接口调用)。④保密安全性。软件保护信息和数据的安全能力(主要是权限和密码)。⑤功能性的依从性。软件产品遵循相关标准(国际标准、国内标准、行业标准、企

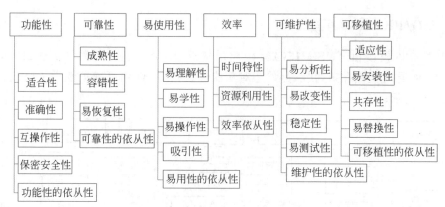

图 2-9　ISO9126 软件质量模型的内部质量和外部质量模型

业内部规范）。

2. 可靠性

可靠性进一步分解为：①成熟性。软件产品为避免软件内部的错误扩散而导致系统失效的能力（主要是对内部错误的隔离）。②容错性。软件防止外部接口错误扩散而导致系统失效的能力（主要是对外部错误的隔离）。③易恢复性。系统失效后，重新恢复原有的功能和性能的能力。④可靠性的依从性。软件产品遵循相关标准。

3. 易使用性

易使用性进一步分解为：①易理解性。软件交互给用户信息时，要清晰，准确，且要易懂，使用户能够快速理解软件。②易学性。软件使用户能学习其应用的能力。③易操作性。软件产品使用户能易于操作和控制它的能力。④吸引性。软件产品吸引用户的能力。⑤易使用性的依从性。软件产品遵循一定的标准。

4. 效率

效率进一步分解为：①时间特性。软件处理特定的业务请求所需要的响应时间。②资源利用性。软件处理特定的业务请求所消耗的系统资源。③效率依从性。软件产品遵循一定的标准。

5. 可维护性

可维护性进一步分解为：①易分析性。软件提供辅助手段帮助开发人员定位缺陷产生的原因，判断出修改的地方。②易改变性。软件产品使得指定的修改容易实现的能力（降低修复问题的成本）。③稳定性。软件产品避免由于软件修改而造成意外结果的能力。④易测试性。软件提供辅助性手段帮助测试人员实现其测试意图。⑤维护性的依从性。软件产品遵循相关标准。

6. 可移植性

可移植性进一步分解为：①适应性。软件产品无须做相应变动就能适应不同环境的能力。②易安装性。尽可能少地提供选择，方便用户直接安装。③共存性。软件产品在公共环境中同与其分享公共资源的其他独立软件共存的能力。④易替换性。软件产品在同样的环境下，替代另一个相同用途的软件产品的能力。⑤可移植性的依从性。软件产品遵循相关的标准。

2.2.3 ISO/IEC25010 模型

同 ISO9126 模型相比,ISO/IEC25010 将质量模型从原来的 6 个属性扩展到 8 个属性,新增加的内容是安全性和兼容性,另外还对功能性、易使用性和可维护性做了修改,具体内容如图 2-10 所示。

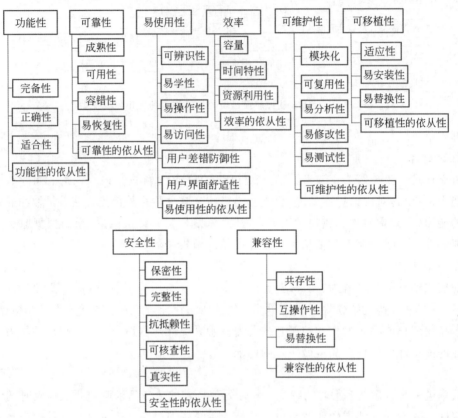

图 2-10　ISO/IEC25010 软件质量模型

1. 功能性

功能性是指软件产品在指定条件下使用时,提供满足显式和隐含要求的功能的能力。显式和隐含要求一起构成了用户对产品的真正完整的功能要求。功能性包含 4 个子特性,这些子特性可以给我们提供分析功能性要求的思考方向。

(1) 完备性:功能集对指定任务和用户目标的覆盖程度。可以分为两个层次来理解功能性中的完备性:为用户提供的功能是否满足用户的显式预期;为用户提供的功能是否满足用户的隐含预期。

示例:计算器要提供加减乘除这些显式功能。如果产品是针对特殊人群使用,如针对程序员,需提供位转换功能,针对盲人,需提供触摸键盘和语音功能等特定场景才能想到用到的功能,如查看历史记录、日期计算等不常用隐含功能。

(2) 正确性:产品或系统提供具有所需精度的正确结果。可以分为两个层次来理解功能性中的正确性:提供的功能的结果是对的;满足精度要求。

示例：计算器 1+1＝2、手机发送短信的内容有无丢失；金额保留两位小数、利率应针对不同的金额范围保证计算结果为两位小数。

（3）适合性：功能促使指定的任务和目标的实现程度。可以分为两个层次来理解功能性中的适合性：系统提供的功能是用户所需要的；只提供用户必要的步骤即可完成任务，不含任何不必要的步骤。

示例：计算器的适合性指是否有加减乘除功能；手机发送短信的适合性看手机能否有能进行发送和接收短信的功能。

（4）功能性的依从性：产品或系统遵守与功能性相关的标准、约定或者法规以及类似规定的程度。

2. 可靠性

可靠性是指在特定条件下使用时，软件产品维持规定的性能级别的能力。可靠性有三个要素：规定的环境、规定的时间、规定的性能。可以从如下 3 个层层递进的句子来理解可靠性的要求：产品或系统最好不要出故障，即成熟性；产品、系统对故障和异常有一定的容忍度，出现了故障不要影响主要的功能和业务，即容错性；如果影响了主要功能和业务，系统可以尽快定位问题并恢复的能力，即易恢复性。可靠性包含如下 5 个子特性。

（1）成熟性：产品为避免因软件故障而导致失效的能力。可以从两个层次来理解成熟性：产品长时间运行功能出现失效的概率；软件自身错误导致整个软件失效，对错误预先进行防范的能力。

示例：软件长时间持续运行一段时间后，会偶尔出现功能失效的问题，一般情况下，这些问题都可以通过“重启”的方式恢复。

（2）可用性：系统、产品或组件在需要使用时能够进行操作和访问的程度。可用性可以理解为成熟性（不要出故障，控制故障失效的评率）、容错性（对故障的容忍度）和易恢复性（控制每次失效后系统无法工作的时间）的组合，是一个整体评估可靠性的指标。

可以使用如下公式来计算产品、系统实际的可用性 A：$A = \text{MTBF}/(\text{MTBF} + \text{MTTR})$，其中，MTBF（Mean Time Between Failure）为平均故障间隔时间；MTTR（Mean Time To Repair）为平均故障修复时间。

（3）容错性：产品在发生故障或者违反指定接口规范的情况下，维持规定的性能级别的能力。

示例：对依赖的子系统、模块可能传递过来的错误进行兜底操作（提前预防），避免这些错误传递到自身引起自身失效；模块间对接，对其他模块传递的指针进行非空检查；针对用户的任何错误输入，不会引发系统出现无响应、软件重启等异常。

（4）易恢复性：产品在失效的情况下，重建规定的性能级别并恢复受直接影响数据的能力。可以从如下两个层面来理解：异常重启后，软件能自动启动，最好能恢复到重启前的页面；长时间无响应，手工杀死进程，重启软件，产品能够恢复正常工作。

示例：系统在遭遇攻击后，产品、系统应该能快速恢复。

（5）可靠性的依从性：产品或系统遵循与可靠性相关的标准、约定或法规以及类似规定的程度。

3. 易使用性

易使用性是指用户在指定条件下使用软件产品时，其被用户理解、学习、使用以及吸引用户的能力。

易使用性的能力，可以用如下 8 个字来理解：易懂、易学、易用、漂亮。针对企业级产品来说，用户对其易使用性的要求日益提高，即便系统有很强的专业性，用户一般也是要求可以直接上手完成所需的功能配置。易使用性包含 7 个子特性，这些子特性可以为我们提供思考易用性的方向。

（1）可辨识性：帮助用户辨识产品或系统是否符合他们的要求，是否适合以及如何将产品用于特定任务和环境的能力。易使用性的可辨识性有如下内容：要求产品可以自动辨别当前的使用环境是否符合基本要求，例如，操作系统的要求、浏览器类型或版本的要求、系统资源（CPU、内存、硬盘）的最小要求等（如果软件是 Mac 版本，若在 Windows 系统上安装，应给出不可安装的提示）；用户能够方便地知道产品能够提供哪些功能，例如，很多产品提供了对新功能进行自动介绍或演示的功能；产品要直观、易于理解（能理解页面每个元素的意思，不易理解的应给出解释文案）。

（2）易学性：帮助用户学习、使用该产品或系统的能力。软件提供"帮助"功能，并为产品功能编制了索引，还提供了 Q&A、社区等，为用户学习产品提供了充分、完整的材料。软件运行在不同的载体（云上、云下）上，用户界面应一模一样，易于用户快速上手，降低学习成本。

（3）易操作性：帮助用户很方便地操作和控制产品的能力。例如，手机在编辑发送短信时的方便性，早期的老式手机编辑短信切换语言需要切换多次按钮才能成功，现代智能手机只需要一个按键即可切换成功，这就是易操作性上的差别。另外，如果软件安装提供大量的安装步骤，每个步骤又有大量的分支选项，对普通用户来说不太容易操作。

（4）易访问性：产品或系统提供广泛功能供用户使用的能力。易访问性中要求产品在设计时可以考虑使用者的使用障碍，如年龄障碍、能力障碍等。一个典型的例子就是在进行 UI 设计配色时，需要考虑色弱因素，保证色彩之间不仅色相有差异，明度也要拉开层次，增加特殊人群的辨识度。金融产品查看金额、利率有数据放大镜的功能，帮助视觉障碍或老年群体使用。

（5）用户差错防御性：预防用户犯错的能力。可以理解为系统有引导用户进行正常操作，避免出错的能力。例如，配置向导功能，针对不同取值要求限制用户的错误输入（灰色不能被选择、错误输入给出提示信息）。

（6）用户界面舒适性：提供令人愉悦的交互性的能力。可以从如下角度来理解用户界面的舒适性：产品的吸引力，包括风格、设计感、配色等；页面交互能力，如配置页面跳转、提高增删改查操作的方便性等。

（7）易使用性的依从性：产品或系统遵循与易用性相关的标准、约定或法规以及类似规定的程度。

4. 效率（性能）

效率（性能）是指在规定的条件下，相对于所用资源的数量，软件产品可提供适当性能的能力。效率就是人们常说的产品性能，效率包含 4 个子特性。

（1）容量：产品或系统参数最大限度满足需求的能力。

（2）时间特性：产品或系统执行其功能时，其响应时间、处理时间以及吞吐量满足需求的程度。

（3）资源利用率：产品或系统执行其功能时，所使用资源数据量和类型满足需求的程度。

（4）效率的依从性：产品或系统遵循与效率相关的标准、约定或法规以及类似规定的程度。

5. 可维护性

可维护性是指产品可被修改的能力。这里修改是指软件产品被纠正、改进，以及为适应环境、功能、规格变化被更新。可维护性最典型的一个体现就是产品的升级操作。可维护性包含如下 6 个子特性。

（1）模块化：由多个独立组件组成的系统或程序，其中一个组件的变更对其他组件的影响最小的程度。在 DevOps 下，解耦和模块化已成为最基本的架构设计要求，与此同时，模块化进一步催生了可复用性的要求。

知识拓展：DevOps（Development 和 Operations 的组合词）是一种重视"软件开发人员（Dev）"和"IT 运维技术人员（Ops）"之间沟通合作的文化、运动或惯例。通过自动化"软件交付"和"架构变更"的流程，使得构建、测试、发布软件更加快捷、频繁和可靠。

（2）可复用性：资产能够被多个系统或其他资产建设的能力。

（3）易分析性：诊断软件中的缺陷、失效原因或识别待修改部分的能力。可以理解为在系统出现问题后，技术支持或者开发可以快速定位问题所在的能力。很多产品中的日志、告警等功能，都属于易分析性。

（4）易修改性：产品能够被有效修改，且不会引入缺陷或降低现有产品质量的能力。该特性最重要的体现就是产品的升级能力。企业级产品往往对升级都有比较严格的要求，例如，升级不能影响业务、能够及时判断升级是否成功（如果升级失败还要有回退机制）。所以很多时候升级功能并非像看起来那么简单，往往需要结合用户的行业、使用场景和使用习惯来指定策略，设计专门的升级方案。

（5）易测试性：能够为系统、产品或组件建立测试准则，并通过测试执行来确定测试准则是否被满足的有效性。

易测试性可以帮助开发、测试快速确认结果，提高处理调试、测试和反馈问题的效率，对于测试来说，易测试性非常重要。

（6）可维护性的依从性：产品或系统遵循与可维护性相关的标准、约定或法规以及类似规定的程度。

6. 可移植性

可移植性是指软件产品从一种环境迁移到另外一种环境的能力。这里的环境可以理解为硬件、软件或者系统等不同的环境。可移植性包含如下 4 个子特性。

（1）适应性：产品能够有效适应不同的或者演变的硬件、软件或者其他运行环境（如系统）的能力。适应性，可以理解为产品能够正常运行在应当支持的不同的硬件、操作系统、平台、浏览器、终端（手机、Pad、浏览器）上。例如，软件在不同的终端上均能正常显示，具体包括布局、大小、清晰度、按键的排列等。

（2）易安装性：反映产品成功安装/卸载的有效性和效率的属性。易安装性也会影响到易操作性、易修改性和功能性。

（3）易替换性：在同样的环境下，产品能够替换另一个具有相同用途的指定软件产品的能力。易替换性通常和升级功能有关,也会影响到易修改性。如果产品是按照标准来设计的,那么不同品牌的产品就是可以互联和互替换的,换句话说,易替换性将降低用户被锁定的风险。

(4)可移植性的依从性:产品或系统遵循与可移植性相关的标准、约定或法规以及类似规定的程度。

7. 安全性

安全性是指软件产品或系统保护信息和数据的程度,其可使用户、产品或系统具有与其授权类型、授权级别一致的数据访问程度。安全性又被细分为 6 个子特性,这些子特性可以给我们提供分析安全性要求的思考方向。

(1)保密性:产品或系统确保数据只有在被授权时才能被访问。安全性的保密性可以理解为:认证和授权。

示例:认证和授权功能,即产品、系统、组件需要通过认证才能访问。通过授权来确认访问者的访问权限,不能非法越权、提权;通过认证,如果不具备权限也不能访问系统;数据有加密功能,数据在存储和传输过程中均需要加密。

(2)完整性:系统、产品或组件防止未授权访问、篡改计算机程序或数据的程度。

示例:授权访问。例如,作为应用程序的使用者,操作系统账号不应具有篡改应用程序的权限,不能植入其他非本应用程序相关的内容产品、系统抵抗其他攻击的能力。

(3)抗抵赖性:活动或事件发生后可以被证实且不可被否认的程度。可以理解为系统需要有记录用户行为日志并保留足够长的时间。

示例:系统详细记录什么时间谁使用了××应用做了什么事情,审计信息存储足够长的时间(如 6 个月)。

(4)可核查性:实体的活动可以被唯一追溯到该实体的程度。

(5)真实性:对象或资源的身份识别能够被证实符合其声明的程度。

示例:加密功能。防止用户认证数据被拦截篡改,如安全认证方式、人脸识别、身份证信息识别等。

(6)安全性的依从性:产品或系统遵循与安全性相关的标准、约定或法规以及类似规定的程度。

8. 兼容性

兼容性是指软件产品在共享软件或硬件的条件下,产品、系统或者组件能够与其他产品、系统或组件交换信息,实现所需功能的能力。兼容性包含 4 个子特性,这些子特性可以给我们提供分析兼容性要求的思考方向。

(1)共存性:在与其他产品共享通用的环境和资源的条件下,产品能够有效执行其所需的功能并且不会对其他产品造成负面影响。可以分为两个层次来理解兼容性中的共存性:不同类型的软件可以共存,且不会产生相互的负面影响;相同类型的软件可以共存,且不会产生相互的负面影响。

示例:计算器可以和系统中的其他应用,如闹铃、天气预报等其他应用共存,彼此不会互相影响;360 安全卫士和 QQ 电脑管家可以共存,彼此不会产生负面影响。

(2)互操作性:两个或多个系统、产品或组件能够交换信息并使用已交换的信息。

示例:Word 文档打印,兼容各种主流型号的打印机;手机入网,兼容网络运营商特殊需求、兼容各基站控制器品牌的不同；ATM 取款，兼容各个不同银行的卡、兼容不同类型的卡。

（3）易替换性：在同样的环境下，产品能够替换另一个具有相同用途的指定软件产品的能力。易替换性通常和升级功能有关，也会影响到易修改性。如果产品是按照标准来设计的，那么不同品牌的产品就是可以互联和互替换的，换句话说，易替换性将降低用户被锁定的风险。

（4）兼容性的依从性：产品或系统遵守与兼容性相关的标准、约定或者法规以及类似规定的程度。

2.3　软件质量管理体系

质量模型与
管理体系

软件质量管理体系通过定义软件质量要素、各要素需要达到的目标以及在开发过程中必须采取的措施，增强软件的客户满意度、提升软件产品质量。软件质量管理体系涵盖了软件工程、CMMI（Capability Maturity Model Integration，软件能力成熟度模型）、PMP（Project Management Professional，项目管理），以及软件测试技术理论等知识。

2.3.1　ISO9000 管理体系

ISO（International Organization for Standardization）：不具体针对某个行业的质量标准，是普遍适用的质量管理体系。

ISO9000 标准是国际标准化组织（ISO）在 1994 年提出的概念，是指由 ISO/Tc176（国际标准化组织质量管理和质量保证技术委员会）制定的国际标准，其标志如图 2-11 所示。

ISO9000 不是指一个标准，而是一组标准的统称。ISO9000 标准是当前国际国内贸易中认可的技术基础和确保质量保证能力的依据。企业实施 ISO9000 标准，就能做到"人人有职责、事事有程序、作业有标准、体系有监督、不良有纠正"。ISO9000 的主要内容有以下八点：①以顾客为关注焦点；②领导作用；③全员参与；④过程方法；⑤管理的系统方法；⑥持续改进；⑦基于事实的决策方法；⑧与供方互利的关系。

图 2-11　ISO9000 标志

2.3.2　CMM 认证体系

能力成熟度模型（Capability Maturity Model，CMM）：特定针对软件行业的质量管理体系。

软件能力成熟度模型是对软件组织进化阶段的描述，该模型在解决软件过程中存在问题方面取得了很大的成功，因此在软件界产生了巨大影响，促使软件界重视和认真对待过程改进工作。

过程能力成熟度模型基于这样的理念：改进过程将改进产品，尤其是软件产品。软件组织为提高自身的过程能力，把不够成熟的过程提升到较成熟的过程。CMM 涉及 4 个方面：过程改进基础设施、过程改进线路图、软件过程评估方法和软件过程改进计划，这 4 个方面构成了软件过程改进的框架。CMM在进行软件过程评估后需要把发现的问题转换为软件过程改进计划;而过程改进通常不可能是一次性的,需要反复进行;每一次改进要经历4个步骤:评估、计划、改进和监控。

CMM的精髓在于过程决定质量,即"持续改进",其含义是:以超前的视野预见过程实施中可能遇到的要素(包括特定的设计、作业方式以及与之相关联的成本要素),并借助先期规范制约的各种手段进行预期调整,同时结合相应的效果计量和评估方法,确保实际过程以预期的低成本运作。着眼于软件过程的CMM模型是持续改进的表现,模型中蕴涵的思想就是防止软件项目失败的思想。

CMM过程能力分为五个成熟度等级,如图2-12所示。每个成熟度等级又被分解成几个关键过程域(Key Process Area,KPA),指明为了改进其软件过程组织应关注的区域。关键过程域将识别出为了达到基本成熟度等级所必须解决的问题,其特点和关键过程域如下。

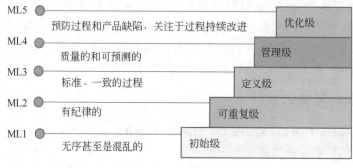

图 2-12　CMM 模型

1. 初始级

特点:软件过程是无序的,有时甚至是混乱的,对过程几乎没有定义,成功取决于个人努力,管理是反应式(消防式)的。

2. 可重复级

特点:建立了基本的项目管理过程来跟踪费用、进度和功能特性。制定了必要的过程纪律,能重复早先类似应用项目取得的成功。

KPI:需求管理,软件项目计划,软件项目跟踪和监督,软件子合同管理,软件质量保证,软件配置管理。

3. 定义级

特点:已将软件管理和工程两方面的过程文档化、标准化,并综合成该组织的标准软件过程。所有项目均使用经批准、裁剪的标准软件过程来开发和维护软件。

KPI:组织过程定义,组织过程焦点,培训大纲,集成软件管理,软件产品工程,组际协调,同行评审。

4. 管理级

特点:收集对软件过程和产品质量的详细度量,对软件过程和产品都有定量的理解和控制。

KPI:定量的过程管理,软件质量管理。

5. 优化级

特点:过程的量化反馈和先进的新思想、新技术促使过程不断改进。

KPI：缺陷预防、技术变更管理、过程变更管理。

CMM 已经发展成为众多标准的集合体，如关于人力资源的 People-CMM，关于软件采办的 SA-CMM 等，最新的研究成果是 CMMI。CMMI 继承并发扬了 CMM 的优良特性，借鉴了其他模型的优点，融入了新的理论和实际研究成果。基于连续式表述的 CMMI 共有 6 个(0～5)能力等级，对应于未完成级、已执行级、已管理级、已定义级、定量管理级、优化级。每个能力等级对应到一个一般目标，以及一组一般执行方法和特定方法。CMMI 能力等级 (0～5)如下：

1. 能力等级 0 未完成级

未执行过程，表明过程域的一个或多个特定目标没有被满足。

2. 能力等级 1 已执行级

过程通过转换可识别的输入工作产品，产生可识别的输出工作产品，关注于过程域的特定目标的完成。包括配置管理、过程和产品质量保证、供应商合同管理、项目监控和控制、项目计划、需求管理、测量和分析 7 个 KPI。

3. 能力等级 2 已管理级

过程作为已管理的过程制度化，针对单个过程实例的能力。包括群组集成、产品集成、集成项目管理、组织培训、组织过程重点、需求开发、技术解决方案、验证(CMM 里面的同行评审)、确认、风险管理、决策分析和解决、组织环境的集成 12 个 KPI。

4. 能力等级 3 已定义级

过程作为已定义的过程制度化，关注过程的组织级标准化和部署。

5. 能力等级 4 定量管理级

过程作为定量管理的过程制度化，包括项目定量管理、组织过程性能两个 KPI。

6. 能力等级 5 优化级

过程作为优化的过程制度化，表明过程得到很好地执行且持续得到改进。包括组织革新和实施、原因分析和解决两个 KPI。

2.3.3　6σ 管理体系

6σ(6Sigma)是 20 世纪 80 年代由摩托罗拉公司提出的概念和相应的管理体系，并全力应用到公司的各个方面，从开始实施的 1986 年到 1999 年，公司平均每年提高生产率 12.3%，不良率只有以前的 1/20。

6σ 不具体针对某个行业，不只关注质量，还关注成本、进度等。6σ 管理方法已进化为一种基于统计技术的过程和产品质量改进方法，进化为组织追求精细管理的理念，如图 2-13 所示。6σ 管理的基本内涵是提高顾客满意度和降低组织的资源成本，强调从组织整个经营的角度出发，而不只是强调单一产品。强调服务或过程的质量，组织要站在顾客的立场上考虑质量问题，采用科学的方法，在经营的所有领域追求"零缺陷"的质量，以大大减少组织经营全领域的成本，提高组织的竞争力。

1. 6σ 管理原则

6σ 管理的基本原则是提高顾客满意度和降低资源成本，即最大限度地降低成本，节约资源，减少风险，提高客户满意度，给股东创造利益，给社会创造价值。6σ 管理原则体现在以下几个方面。

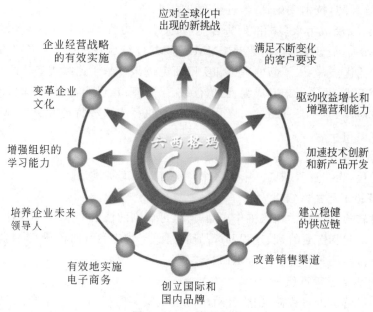

图 2-13　6σ管理方法

1）真诚关心顾客

6σ把顾客放在第一位。例如,在衡量部门或员工绩效时,必须站在顾客的角度思考。先了解顾客的需求是什么,再针对这些需求来设定企业目标,衡量绩效。

2）根据资料和事实管理

近年来,虽然知识管理渐渐受到重视,但是大多数企业仍然根据意见和假设来做决策。6σ的首要规则便是厘清,要评定绩效,究竟应该要做哪些衡量,然后再运用资料和分析,了解公司表现距离目标有多少差距。

3）以流程为重

无论是设计产品,或提升顾客满意,6σ都把流程当作通往成功的交通工具,是一种提供顾客价值与竞争优势的方法。

4）主动管理

企业必须时常主动去做那些一般公司常忽略的事情,例如,设定远大的目标,并不断检讨;设定明确的优先事项;强调防范而不是救火;常质疑"为什么要这么做",而不是常说"我们都是这么做的"。

5）协同合作无界限

改进公司内部各部门之间、公司和供货商之间、公司和顾客间的合作关系,可以为企业带来巨大的商机。6σ强调无界限的合作,让员工了解自己应该如何配合组织大方向,并衡量企业的流程中,各部门活动之间有什么关联性。

6）追求完美,但同时容忍失败

在6σ企业中,员工不断追求一个能够提供较好服务,又降低成本的方法。企业持续追求更完美,但也能接受或处理偶发的挫败,从错误中学习。

2. 6σ实施方法

6σ对需要改进的流程进行区分,找到高潜力的改进机会,优先对其实施改进。6σ业务流程改进遵循五步循环改进法,即 DMAIC 模式。

(1) Define:确定要解决的问题(项目章程)。此阶段主要是明确问题、目标和流程,需要回答以下问题:应该重点关注哪些问题或机会? 应该达到什么结果? 何时达到这一结果? 正在调查的是什么流程? 它主要服务和影响哪些顾客?

(2) Measure:测量结果。收集产品或过程的表现作底线,建立改进目标;找出关键评量,为流程中的瑕疵建立衡量基本步骤。

(3) Analyze:何时、何地、为何产生缺陷。分析在测量阶段所收集的数据,以确定一组按重要程度排列的影响质量的变量;通过采用逻辑分析法、观察法、访谈法等方法,对已评估出来的导致问题产生的原因进行进一步分析,确认它们之间是否存在因果关系。

(4) Improve:如何改进进程。优化解决方案,并确认该方案能够满足或超过项目质量改进目标;拟订几个可供选择的改进方案,通过讨论并多方面征求意见,从中挑选出最理想的改进方案付诸实施。实施 6σ 改进,可以是对原有流程进行局部的改进;在原有流程问题较多或惰性较大的情况下,也可以重新进行流程再设计,推出新的业务流程。

(5) Control:如何保持过程的改善。确保过程改进一旦完成能继续保持下去,而不会返回到先前的状态;根据改进方案中预先确定的控制标准,在改进过程中,及时解决出现的各种问题,使改进过程不至于偏离预先确定的轨道,发生较大的失误。

6σ 管理方法应用案例如图 2-14 所示。

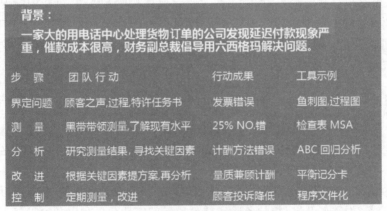

图 2-14　6σ 管理方法应用案例

2.4　软件质量保证

软件质量保证(Software Quality Assurance,SQA)是贯穿软件生存期的极为重要的活动,是软件开发过程中所使用的各种开发技术和验证方法的最终体现。

软件质量由组织、流程和技术三方面决定,软件组织主要的软件质量活动有软件质量保证和测试。其中,SQA 从流程方面保证软件的质量,测试从技术方面保证软件的质量,只进行 SQA 活动或只进行测试活动不一定能产生好的软件质量。

SQA 的职能是向管理层提供正确的可视化的信息,从而促进与协助流程改进。SQA 还充当测试工作的指导者和监督者,帮助软件测试建立质量标准、测试过程评审方法和测试

软件质量
保证

流程,同时通过跟踪、审计和评审,及时发现软件测试过程中的问题,从而帮助改进测试或整个开发的流程等,因此有了 SQA,测试工作就可以被客观地检查与评价,同时也可以协助测试流程的改进。

SQA 的主要工作范围包括:

(1) 指导并监督项目按照过程实施。

(2) 对项目进行度量、分析,增加项目的可视性。

(3) 审核工作产品,评价工作产品和过程质量目标的符合度。

(4) 进行缺陷分析、缺陷预防活动,发现过程缺陷,提供决策参考,促进过程改进。

2.4.1　SQA 任务

SQA 小组的职责是辅助软件工程小组得到高质量的最终产品。软件质量保证的主要任务是以下三个方面。

(1) SQA 审计与评审。SQA 审计包括对软件工作产品、软件工具和设备的审计,评价这几项内容是否符合组织规定的标准。SQA 评审的主要任务是保证软件工作组的活动与预定的软件过程一致,确保软件过程在软件产品的生产中得到遵循。

(2) SQA 报告。SQA 人员应记录工作的结果,并写入报告中,发布给相关的人员。

SQA 报告的发布应遵循三条原则:SQA 和高级管理者之间应有直接沟通的渠道;SQA 报告必须发布给软件工程组,但不必发布给项目管理人员;在可能的情况下向关心软件质量的人发布 SQA 报告。

(3) 处理不符合问题。这是 SQA 的一个重要的任务,SQA 人员要对工作过程中发现的问题进行处理并及时向有关人员及高级管理者反映。

2.4.2　SQA 活动

SQA 负责确保软件开发过程的有效执行,不负责监管软件产品的质量,不负责代表管理层进行管理,只是代表管理层来保证过程的执行。SQA 活动贯穿整个软件生命周期,如图 2-15 所示,主要包括以下内容。

(1) 在需求分析阶段提出对软件质量的需求,并将其自顶向下逐步分解为可以度量和控制的质量要素,为软件开发、维护各阶段软件质量的定性分析和定量度量打下基础。

(2) 研究并选用软件开发方法和工具。

(3) 对软件生存周期各阶段进行正式的技术评审(FTR)。

(4) 制定并实施软件测试策略和测试计划。

(5) 及时生成软件文档并对其进行版本控制。

(6) 保证软件开发过程与选用的软件开发标准相一致。

(7) 建立软件质量要素的度量机制。

(8) 记录 SQA 的各项活动,并生成各种 SQA 报告。

2.4.3　SQA 措施

软件质量保证是软件工程管理的重要内容,软件质量保证主要包括以下措施。

图 2-15　SQA 活动范围

1. 应用好的技术方法

质量控制活动要自始至终贯彻于开发过程中,软件开发人员应该依靠适当的技术方法和工具,形成高质量的规格说明和高质量的设计,还要选择合适的软件开发环境来进行软件开发。

2. 测试软件

软件测试是质量保证的重要手段,通过测试可以发现软件中大多数潜在的错误。应当采用多种测试策略,设计高效的检测错误的测试用例进行软件测试。但是软件测试并不能保证发现所有的错误。

3. 进行正式的技术评审

在软件开发的每个阶段结束时,都要组织正式的技术评审。由技术人员按照规格说明和设计,对软件产品进行严格的评审、审查。多数情况下,审查能有效地发现软件中的缺陷和错误。国家标准要求开发单位必须采用审查、文档评审、设计评审、审计和测试等具体手段来控制质量。

4. 标准的实施

用户可以根据需要,参照国际标准、国家标准或行业标准,制定软件工程实施的规范。一旦形成软件质量标准,就必须确保遵循它们。在进行技术审查时,应评估软件是否与所制定的标准一致。

5. 控制变更

在软件开发或维护阶段,对软件的每次变动都有引入错误的危险。例如,修改代码可能引入潜在的错误;修改数据结构可能使软件设计与数据不相符;修改软件时文档没有准确及时地反映出来等都是维护的副作用。因而必须严格控制软件的修改和变更。控制变更是通过对变更的正式申请、评价变更的特征和控制变更的影响等直接地提高软件质量。

6. 程序正确性证明

程序正确性证明的准则是证明程序能完成预定的功能。

7. 记录、保存和报告软件过程信息

在软件开发过程中,要跟踪程序变动对软件质量的影响程度。记录、保存和报告软件过程信息是指为软件质量保证收集信息和传播信息。评审、检查、控制变更、测试和其他软件质量保证活动的结果必须记录、报告给开发人员,并保存为项目历史记录的一部分。

2.4.4 SQA实施步骤

软件质量不仅是一些测试数据、统计数据、客户满意度调查回函等,衡量一个软件质量的好坏,应该首先考虑完成该软件生产的整个过程是否达到了一定质量要求。

软件质量保证实施包括以下五个步骤。

(1)目标:以用户需求和开发任务为依据,对质量需求准则、质量设计准则的质量特性设定质量目标进行评价。

(2)计划:设定适合于待开发软件的评测检查项目,一般设定20~30个。

(3)执行:在开发标准和质量评价准则的指导下,制作高质量的规格说明书和程序。

(4)检查:以计划阶段设定的质量评价准则进行评价,算出得分,以图形的形式表示出来,比较评价结果的质量得分和质量目标,确定是否合格。

(5)改进:对评价发现的问题进行改进活动,重复计划到改进的过程直到开发项目完成。

在软件开发实践中,软件质量可以依靠流程管理(如缺陷处理过程、开发文档控制管理、发布过程等),严格按软件工程规范执行来保证质量。例如,通过从"用户功能确认书"到"软件详细设计"过程的过程定义、控制和不断改善,确保软件的"功用性";通过测试部门的"系统测试""回归测试"过程的定义、执行和不断改善,确保软件的"可靠性"和"可用性";通过测试部门的"性能测试",确保软件的"效率";通过软件架构的设计过程及开发中代码、文档的实现过程,确保软件的"可维护性";通过引入适当的编程方法、编程工具和设计思路,确保软件的"可移植性"等。

◇ 习　　题

一、判断题

McCall模型中,完整性是指为某一目的而保护数据,避免它受到偶然的或有意的破坏、改动或遗失的能力。　　　　　　　　　　　　　　　　　　　　　　　　　　　(　　)

二、选择题

1. McCall质量模型的内容和特点包括(　　　)。

　　A. 顶层是质量因素

　　B. 使用质量度量,即定性的指标来对软件内在特性进行测量

　　C. 质量因素是站在客户或用户的视角来看待软件产品

　　D. 中间层是质量准则,从软件内部视角构建软件属性

2. 以下关于McCall质量模型的描述中,(　　　)是正确的。

　　A. 可用性可以看作是产品竞争力的核心

　　B. McCall质量模型是通过构建质量属性之间的关系,分析质量属性来构建质量

　　　　模型

　　　C. McCall 质量模型的顶层是软件的内在特性

　　　D. 可靠性是产品修改中体现出来的质量

3. 以下关于 McCall 质量模型的描述中,错误的是(　　　)。

　　　A. 一个质量准则唯一隶属于一个质量因素

　　　B. 通用性既是灵活性的质量准则之一,又是可重用性的质量准则之一

　　　C. 可维护性要求软件产品容易修复,易于改进

　　　D. 软件产品的复杂度越高,对其可测试性的要求就越低

4. 以下描述中正确的是(　　　)。

　　　A. McCall 质量模型和 Boehm 质量模型是层次模型

　　　B. Boehm 模型中,可维护性是从相似用户需求的角度描述软件质量

　　　C. ISO9126 质量模型从外部质量、内部质量、使用中质量 3 方面来分析软件质量

5. 如下关于软件质量模型中,正确的描述是(　　　)。

　　　A. 基于构建的模型是根据经验,使用典型的质量因素来构建质量模型

　　　B. 基于经验的模型可以看作一种静态模型

　　　C. 基于经验的模型是通过提供一些方法来构建质量模型

　　　D. 基于构建的模型可以看作是一种静态模型

第 3 章

软件测试基础

本章内容

- 软件测试的辩证观点
- 软件测试模型
- 软件测试过程
- 软件测试方法
- 软件测试用例

学习目标

(1) 了解软件测试的辩证观点。

(2) 掌握软件测试 W 模型。

(3) 掌握软件测试过程。

(4) 了解常用的软件测试方法。

(5) 掌握软件测试用例的关键要素。

◇ 3.1 认识软件测试

软件测试是软件工程中的一个重要环节,是贯穿整个软件开发生存周期的。软件测试主要的工作内容是验证(verification)和确认(validation)。

验证是检验开发出来的软件产品是否和需求规格及设计规格书一致,即是否满足软件厂商的生产要求。具体内容包括以下 3 点。

(1) 确定软件生存周期中的某一给定阶段的产品是否达到前阶段确立的需求的过程。

(2) 程序正确性的形式证明,即采用形式理论证明程序符合设计规约规定的过程。

(3) 评审、审查、测试、检查、审计等各类活动,或对某些项处理、服务或文件等是否与规定的需求相一致进行判断和提出报告。

确认就是检验产品功能的有效性,即是否满足用户的真正需求。确认包括静态确认和动态确认。

(1) 静态确认:不在计算机上实际执行程序,通过人工或程序分析来证明软件的正确性。

(2) 动态确认:通过执行程序,对执行结果做分析,测试程序的动态行为,以证实软件是否存在问题。

3.1.1　软件测试的辩证观点

G.J.Myers 认为"测试是为了证明程序有错,而不是证明程序无错误"。他的这一观点引出了对软件测试的争论:软件测试究竟是证明所有软件的功能特性是正确的,还是相反——对软件系统进行各种试探和攻击,找出软件系统中不正常或不工作的地方? 这就是对于软件测试的正向思维和反向思维。

(1) 正向思维:验证软件是"工作的",针对软件系统的所有功能点,逐个验证其正确性。

(2) 反向思维:证明软件是"不工作的",不断思考开发人员理解的误区、不良习惯、程序代码边界、无效数据输入及系统的弱点,试图破坏系统、摧毁系统,目标就是发现系统中各种各样的问题。正如 G.J.Myers 强调的,一个成功的测试必须是发现缺陷的测试。

仁者见仁,智者见智

同一个问题,不同的人从不同的立场或角度去看有不同的看法。

其实,这两个方面的认识都有一定道理,前者(证明或验证所有软件的功能特性是正确的)是从质量保证的角度来思考软件测试,后者(证明程序有错)从软件测试的目标和效率来思考软件测试,两者相辅相成。软件测试不仅是为了证明所有的功能都能正常工作,也是为了找出软件中那些不能正常工作、不一致性的问题。软件测试就是在这两者之间获得平衡,但对于不同的应用领域,两者的比重是不一样的。例如,国防、航天、银行等软件系统,承受不了系统的任何一次失效,因为任何失效都完全有可能导致灾难性的损失,所以强调前者,以保证非常高的软件质量。而一般的软件应用或服务,则可以强调后者,质量目标设置在"用户可接受水平",以降低软件开发成本,加快软件发布速度,有利于市场的扩张。

3.1.2　软件测试的风险观点

一种观点认为,软件测试是"对软件系统中潜在的各种风险进行评估的活动",这就引出软件测试的风险观点。软件测试自身的风险性是大家公认的,测试的覆盖率不能做到 100%;另一方面,软件测试的标准有时不清楚,软件规格说明书是测试中的一个标准,但也不是唯一的标准。因为规格说明书本身的内容完全有可能是错误的,它所定义的特性不是用户所需要的,所以,我们常常强调软件测试人员应该站在客户的角度去进行测试,除了发现程序中的错误,还要发现需求定义的错误、设计规格说明书的缺陷。但是,测试在大多数时间/情况下是由工程师完成的,而不是客户自己来做,所以又怎么能保证工程师和客户想的一样呢？

对应软件测试的风险观点,产生了基于风险的测试策略:首先评估测试的风险,每个功能出问题的概率有多大？根据 Pareto 原则(也叫 80/20 原则),哪些功能是用户最常用的功能(约占 20%)？如果某个功能出问题,其对用户的影响又有多大？然后根据风险大小确定测试的优先级。优先级高的功能特性,测试优先得到执行。一般来讲,针对用户最常用的这20%功能(优先级高)的测试会得到完全地、充分地执行,而低优先级功能的测试(用户不常用的功能,约占 80%)就可能由于时间或经费的限制,降低测试的要求、减少测试工作量,这样做风险并不是很大。

在"风险"观点的框架下,软件测试可以被看作一个动态的监控过程,对软件开发全过程进行检测,随时发现不健康的征兆,发现问题、报告问题,并重新评估新的风险,设置新的监控基准,不断地持续下去。这时,软件测试完全可以看作软件质量控制的过程。

3.1.3 软件测试的经济学观点

G.J.Myers 认为"一个好的测试用例在于它能发现至今未发现的错误",这体现了软件测试的经济学观点。实际上,软件测试经济学问题至今仍是业界关注的问题之一。经济学的核心就是要营利,营利的基础就是要有一个清楚的商业性目标,商业性目标是否正确,直接决定了企业是否营利。正如对软件质量的定义不仅局限于"和客户需求的一致性、适用性",而且要增加其他的要求——"开发成本控制在预算内、按时发布软件、系统易于维护"等,软件测试也一样,要尽快尽早地发现更多的缺陷,并督促和帮助开发人员修正缺陷。因为缺陷发现得越早,所付出的代价就越低,例如,在编程阶段发现一个需求定义上的错误,其代价将 10 倍于在需求阶段就发现该缺陷的代价。这就是从经济学的观点来说明测试进行得越早越好这样一个道理。

软件测试的对象是产品(包括阶段性产品,如市场需求说明书、产品规格说明书、技术设计文档、数据字典、程序包、用户文档等),而质量保证和管理的对象集中于软件开发的标准、流程和方法等上。

◆ 3.2 软件测试模型

软件测试和软件开发一样,都遵循软件工程、管理学原理。测试专家通过实践总结出了很多很好的测试模型。这些模型将测试活动进行了抽象,明确了测试与开发之间的关系,是测试管理的重要参考依据。

常见的软件测试模型有 V 模型、W 模型、H 模型、X 模型等。

3.2.1 V 模型

V 模型是由保罗·鲁克(Paul Rook)在 20 世纪 80 年代提出的,它是软件测试模型中最具有代表性的模型之一。V 模型是瀑布模型的变种,在瀑布模型的后半部分添加了测试工作,因整个开发过程构成一个 V 字形而得名,如图 3-1 所示。

V 模型从左往右依次是用户需求—需求分析与系统设计—概要设计—详细设计—编码—单元测试—集成测试—系统测试—验收测试。

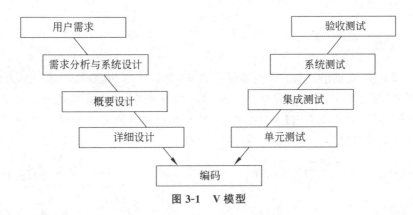

图 3-1　V 模型

（1）用户需求阶段：一般由甲方业务牵头部门成立需求编写小组，由小组人员编写并完善需求文档，有的项目也可能由乙方来完成。产出物为《××业务需求》《××新增功能工程业务需求》《××新增功能及扩容改造业务需求》等。

（2）需求分析与系统设计阶段：由甲方业务人员、用户、开发人员等完成，针对需求文档进行细致研讨和分析，产出物为《需求分析说明书》《需求规格说明书》等。

（3）概要设计阶段：该阶段由开发人员完成，产出物为《概要设计说明书》。

（4）详细设计阶段：该阶段由开发人员完成，产出物为《详细设计说明书》。

（5）编码阶段：该阶段由程序员完成，产出物为程序，即源代码。

（6）单元测试阶段：也叫模块测试，是最小的测试单位，理论上以白盒测试为主，测试对象一般是一个功能、类、函数、窗口、菜单等。实际工作中，考虑成本问题，一般由程序员自己完成。测试依据是《详细设计说明书》，从模型图中能看出，单元测试与详细设计相对应。

（7）集成测试阶段：也叫组装测试，组装过程一般是逐步完成的，所以会形成很多临时版本，理论上以黑盒测试为主，核心模块适当采用白盒测试。测试依据是《概要设计说明书》，从模型图中能看出，集成测试与概要设计相对应。

（8）系统测试阶段：是在所有功能组装完成后，对集成了硬件、软件、数据的完整系统进行的测试。测试的重点在于系统在真实环境下的正确运行以及系统的兼容性问题，测试方法为黑盒测试，测试依据是《需求规格说明书》《需求文档》等文档。从模型图中能看出，系统测试与需求分析相对应。

（9）验收测试阶段：也叫用户接受度测试，是由用户参与的验收过程，包括 alpha 测试和 beta 测试。从模型图中能看出，验收测试阶段与用户需求阶段相对应。

V 模型描述了基本的开发过程和测试行为，非常明确地标明了测试过程中存在的不同级别，描述了这些测试阶段和开发过程期间各阶段的对应关系。V 模型的这些特性既有优点也有其局限性。

（1）V 模型的优点：V 模型强调软件开发的协作和速度，将软件实现和验证有机地结合起来，在保证较高的软件质量情况下缩短开发周期。V 模型适合工程量小、人力资源少并且开发过程中改动不大的项目。

（2）V 模型的局限性：V 模型仅把测试过程放在需求分析、系统设计、编码之后的一个阶段，忽视了测试对于需求的分析和验证。我们对需求的验证，对系统设计的验证，到后期的验收测试才有可能被发现，对于测试需要尽早进行的原则在 V 模型中没有体现，这是 V

模型的局限。

3.2.2 W 模型

W 模型又称双 V 模型,它由 V 模型演变而来,弥补了 V 模型的不足。左边的 V 是开发的生命周期,右边的 V 是测试的生命周期,如图 3-2 所示。W 模型强调测试伴随着整个软件开发周期,测试的对象不仅是程序,需求、功能和设计同样需要测试。W 模型的这些特性既有优点也有其局限性。

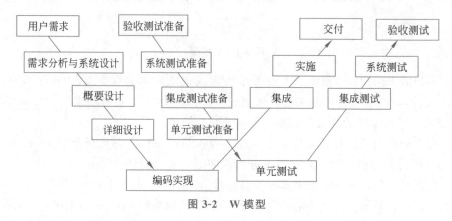

图 3-2　W 模型

(1) W 模型的优点:W 模型是一个开发与测试并行的模型,体现了尽早测试和不断测试原则,有利于及时地了解项目的测试风险,来及早地执行相应的应对方案,加快项目的进度。同时,W 模型强调了测试计划等工作的先行以及对系统需求和系统设计的测试,有利于尽早地全面地发现问题。

(2) W 模型的局限性:W 模型中,需求、设计、编码仍然是串行进行的,测试和开发保持线性的关系,上一个阶段完成之后才能进行下一个阶段,不能够很好地支持迭代的开发模型。

3.2.3 H 模型

为了解决 V 模型与 W 模型存在的问题,有专家提出了 H 模型。H 模型将测试活动完全独立了出来,形成一个完全独立的流程,这个流程将测试准备活动和测试执行活动清晰地体现出来。在 H 模型中,测试流程和其他工作流程是并发执行的,只要某一个工作流程的条件成熟就可以开始进行测试,其过程如图 3-3 所示。

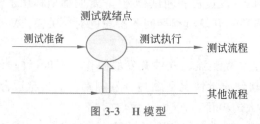

图 3-3　H 模型

在 H 模型中测试级别不存在严格的次序关系,软件生命周期的各阶段的测试工作可以反复触发、迭代,即不同的测试可以反复迭代地进行。例如,在概要设计工作流程上完成一个测试,只是体现了软件生命周期中概要设计层次上的一个测试"微循环"。在实际测试工作中,H 模型并无太多指导意义,读者重点是理解其中的设计意义。H 模型的这些特性既有优点也有其局限性。

1. H 模型的优点

软件测试完全独立,贯穿整个生命周期,且与其他流程并发进行;软件测试活动可以尽早准备、尽早执行,具有很强的灵活性;软件测试可以根据被测物的不同而分层次、分阶段、分次序执行,同时也是可以被迭代的;H 模型体现了尽早测试和不断测试原则。

2. H 模型的局限性

管理要求高:由于模型很灵活,必须要定义清晰的规则和管理制度,否则测试过程将非常难以管理和控制。

技能要求高:H 模型要求能够很好地定义每个迭代的规模,不能太大也不能太小。

测试就绪点分析困难:很多时候,很难确定测试准备到什么时候是合适的,就绪点在哪里,就绪点的标准是什么,这就对后续的测试执行启动带来很大困难。

人员要求高:对于整个项目组的人员要求非常高,只有在很好的规范制度下,大家都能高效地工作,才能较好地完成测试。例如,你分了一个小的迭代,但是因为人员技能不足,使其无法有效完成,那么整个项目就会受到很大的干扰。

事实上,随着软件质量要求越来越为人们所重视,软件测试也逐步发展成为一个独立于软件开发的一系列活动,就每一个软件测试的细节而言,它都有一个独立的操作流程。例如,现在的第三方测试,就包含从测试计划和测试用例编写,到测试实施以及测试报告编写的全过程,这个过程在 H 模型中得到了相应的体现,表现为测试是独立的。也就是说,只要测试前提具备了,就可以开始进行测试了。

3.2.4　X 模型

X 模型的设计原理是将程序分成多个片段反复迭代测试,然后将多个片段集成再进行迭代测试,如图 3-4 所示。

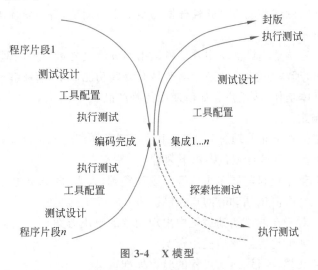

图 3-4　X 模型

X 模型左边是单元测试和单元模型之间的集成测试,右边是功能的集成测试,通过不断的集成最后成为一个系统,如果整个系统测试没有问题就可以封版发布。X模型并不要求在进行作为创建可执行程序(图中右上方)的一个组成部分的集成测试之前,对每一个程序片段都进行单元测试(图中左侧的行为)。从图3-4中可以看到,X模型还定位了探索式测试,探索式测试是不进行事先计划的特殊类型的测试,能够帮助测试人员在测试计划之外发现更多的错误。

X模型呈现了一种不断迭代的动态测试过程,更符合企业实际情况。图中多根并行的曲线表示变更可以在各个部分发生。X模型的这些特性既有优点也有其局限性。

(1) X模型的优点:X模型可以很好地处理测试与开发的交接过程(交接的过程是一个时间段,而不是一个点);公司可以根据自身的情况确定是否要做单元测试,还是直接做系统测试;测试应该是一个不断迭代的过程,直到封版发布;提倡探索性测试。

(2) X模型的局限性:探索性测试可能对测试造成人力、物力和财力的浪费,对测试员的熟练程度要求比较高。

软件测试模型对指导测试工作的进行具有重要的意义,但任何模型都不是完美的。上面共介绍了4种软件测试模型,在实际测试工作中,测试人员更多的是结合W模型与H模型进行工作,软件各个方面的测试内容是以W模型为准,而测试周期、测试计划和进度是以H模型为指导。X模型更多的是作为最终测试、熟练性测试的模板,例如,对一个业务测试已经有两年时间,则可以使用X模型进行模块化的、探索性的方向测试。

◆ 3.3　软件测试过程

随着软件测试技术的发展,测试工作由原来单一的寻找缺陷逐渐发展成为预防缺陷、探索测试、破坏程序的过程,测试活动贯穿于整个软件生命周期中,故称为全程软件测试。全程软件测试,强调整个软件生命周期中各阶段的测试活动。无论是需求阶段、开发阶段,还是测试阶段,都需要确定在当前阶段测试活动的内容,确保每个阶段的质量,才能保证软件产品最终的质量。

全程软件测试的测试活动贯穿软件开发的整个生命周期,各个阶段测试活动内容包括:

1. 测试需求分析

测试需求分析是整个测试活动中除了测试用例设计之外最重要的部分。测试需求分析的目的是理解需求,理解业务,弄清楚待测产品有哪些功能需求,有哪些非功能性需求;明白待测产品的用户群体是什么,用户会如何使用待测产品。

2. 测试计划制定

当对需求有完整和全面的理解后,接下来需要制定详细的测试计划,为即将开始的测试工作做好充足的准备。测试计划包括以下内容。

- 资源估算:整个项目需要多少资源?硬件资源,人力、时间资源等。
- 进度控制:每个测试活动时间点控制。
- 风险控制:对于在测试活动过程中出现问题的解决方案。
- 资源配置:如何更有效率地使用资源。
- 验收标准:文档、项目、测试过程的验收标准定义。
- 测试策略:测试中使用的测试策略。

3. 测试用例设计

测试用例设计是软件测试工作的灵魂。任何一项测试活动的核心都是测试思维,即如何进行测试,测试用例就是测试思维的体现。功能的测试优先级、如何操作、输入什么数据、应该有什么的结果等都体现在测试用例中。

4. 测试用例评审

测试用例的评审无疑是为了给测试用例进行查漏补缺。测试用例的评审一般包括测试内部评审和项目组评审两种形式。项目组评审要求项目相关人员(开发、测试、产品)参与评审,一般是会议的形式。由于测试用例的数量关系,会议上评审会占用很长的时间,可能造成时间资源的浪费。

5. 测试执行

依据不同迭代版本所完成的功能执行测试用例,对无法通过的测试用例,确定复现步骤后或以添加截图的形式向开发提交 bug。前面的工作做得充足的话,在测试执行的时候就会非常简单了。但是在执行的过程中各部门的协作、沟通以及各项文档的输出却很复杂。例如,测试人员与开发人员的日常沟通:

"×××,我这有个问题,你过来看下。"

"什么问题?你演示下我看看。""这不是问题,这个地方只能这样做。"或者"这不是问题,我刚刚跟需求确认过的。"

"这样做不合逻辑啊!"

"那你说怎么处理?"

"我觉得应该……处理。"

"你先跟需求确认下吧。"

要提高测试人员与开发人员的沟通效率,需要整个项目组有意识地培养健全的工作流程,建立完善的需求变更体系,流程上控制需求变更。同时,要求测试人员一开始提问题的时候就把问题的特征、位置、操作步骤、截图都一目了然地提交给开发人员,这样可以减少测试人员与开发人员的沟通成本。

6. 缺陷管理

在开发阶段,测试人员最重要的产出就是软件缺陷。要体现软件缺陷的价值,应该关注缺陷的质量、缺陷的管理以及缺陷分析。

缺陷管理是软件测试活动中极其重要的一环,很多时候测试用例并没有发现多少缺陷,反而在运行程序的过程中发现了很多缺陷,这些缺陷就是对测试用例的补充,对之后的测试可以提供思路。

7. 测试报告

完成测试后,提交测试报告,给出此次测试过程中的数据,例如,测试用例的数量、发现缺陷的总数、各个严重程度的缺陷数量、总共修复的缺陷数量以及缺陷修复率等。每一次软件通过测试准则发布后,测试人员都应该持续反馈、改进、总结每个发布版本中遇到的问题,从问题中总结经验,提高整个软件生命周期的质量。

全程软件测试,关注的是在整个软件生命周期中各个阶段的测试活动,通过对各个阶段的过程质量把控,最终提高项目团队的综合能力,从而提高软件产品的测试质量。软件产品的质量不是测试决定的,而是整个项目团队决定的,是在整个项目构建过程中,通过一次次的优化过程,不断地总结成长来提高的。

◇ 3.4　软件测试方法

软件测试方法

软件测试是软件开发过程的重要组成部分,是用来确认一个程序的品质或性能是否符合开发之前所提出的要求。软件测试的目的,首先是确认软件的质量,其一方面是确认软件做了所期望的事情(Do the right thing),另一方面是确认软件以正确的方式来做了所期望的事情(Do it right)。软件测试的第二个目的是提供信息,例如,提供给开发人员或程序经理的反馈信息,为风险评估所准备的信息等。软件测试的第三个目的是测试软件开发的过程。如果一个软件产品开发完成之后发现了很多问题,说明此软件的开发过程很可能是有缺陷的,因此软件测试要保证整个软件开发过程是高质量的。

常用的软件测试方法有黑盒测试、白盒测试、基于风险的测试、基于模型的测试等。

3.4.1　黑盒测试

黑盒测试,顾名思义就是将被测系统看成一个黑盒,从外界取得输入,然后再输出,完全不考虑程序内部结构和处理过程,是从软件的外部表现来发现被测系统的缺陷和错误。黑盒测试基于需求文档,在程序界面处进行测试,检查程序是否按照需求规格说明书的规定正常实现。黑盒测试又称功能测试、数据驱动测试、基于规格说明的测试。

黑盒测试的优点如下。

(1) 比较简单,不需要了解程序内部的代码及实现。

(2) 与软件的内部实现无关。

(3) 从用户角度出发,能很容易地知道用户会用到哪些功能,会遇到哪些问题。

(4) 基于软件开发文档,因此能清楚地了解软件实现了文档中的哪些功能。

(5) 在做软件自动化测试时较为方便。

黑盒测试的局限性如下。

(1) 不可能覆盖所有的代码,覆盖率较低,大概只能达到总代码量的30%。

(2) 自动化测试的复用性较低。

3.4.2　白盒测试

白盒测试通过对程序内部结构的分析、检测来寻找问题。白盒测试可以把程序看成装在一个透明的白盒子里,也就是清楚了解程序结构和处理过程,检查是否所有的结构及路径都是正确的,检查软件内部动作是否按照设计说明的规定正常进行。因此,白盒测试需要知道程序内部的设计结构及具体的代码实现,并以此为基础来设计测试用例。

白盒测试的优点是能帮助软件测试人员增大代码的覆盖率,提高代码的质量,发现代码中隐藏的问题。

白盒测试的局限性如下。

(1) 程序运行会有很多不同的路径,不可能测试所有的运行路径。

(2) 白盒测试是基于代码的测试,只能测试开发人员做得正确与否,而不能测试系统设计的正确与否,因此可能会漏掉一些功能需求。

（3）系统庞大时，白盒测试开销会非常大。

3.4.3　基于风险的测试

基于风险的测试是指评估测试项的优先级，先做高优先级的测试项，如果时间或精力不够，低优先级的测试项可以暂时先不做。基于风险的测试通常根据一个软件的特点来确定：如果一个功能出了问题，它对整个产品的影响有多大，这个功能出问题的概率有多大？如果出问题的概率很大，出了问题对整个产品的影响也很大，那么在测试时就一定要覆盖到。对于一个用户很少用到的功能，出问题的概率很小，就算出了问题影响也不是很大，那么如果时间比较紧，就可以考虑不测试。

基于风险测试的两个决定因素就是：该功能出问题对用户的影响有多大，出问题的概率有多大。其他一些影响因素，如复杂性、可用性、依赖性、可修改性等也会影响基于风险测试的测试顺序，测试人员主要根据事情的轻重缓急来决定测试工作的重点。

3.4.4　基于模型的测试

模型是系统的抽象，实际上就是用语言把一个系统的行为描述出来，定义出它可能的各种状态，以及它们之间的转换关系，即状态转换图。基于模型的测试是利用模型来生成相应的测试用例，然后根据实际结果和原先预想的结果的差异来测试系统。

◈ 3.5　软件测试用例

测试用例

测试用例（Test Case）是为特定的目的而设计的一组测试输入、执行条件和预期结果的文档，其作用是测试是否满足某个特定需求。测试用例是指导测试工作进行的依据。

1. 测试用例的组成

标准的测试用例通常由以下几个要素组成。

（1）用例编号：测试用例的唯一标识。

（2）模块：标明被测需求具体属于哪个模块，主要是为了更好地识别以及维护用例。

（3）用例标题：又称为测试点，就是用一句话来描述测试用例的关注点。每一条用例对应一个测试目的。

（4）优先级：根据需求的优先级别来定义。高优先级要覆盖核心业务、重要特性以及使用频率比较高的部分。

（5）前提条件：用例在执行之前需要满足的一些条件，否则测试用例无法执行。例如，一些测试环境，或者需要提前执行的操作。

（6）测试数据：在执行测试时，需要输入一些外部数据来完成测试。这些数据根据测试用例的统计情况来确定，有参数、文件或者数据库记录等。

（7）测试步骤：测试用例的步骤描述，执行人员可以根据测试步骤完成测试的执行。

（8）期望结果：是测试用例中最重要的部分，主要用来判断被测对象是否正常。要根据需求来描述用户的期望。

（9）实际结果：PASS 通过，FAIL 失败，N/A 未执行。

2. 测试用例的优先级

标准的测试用例通常都包含优先级这一要素,用来体现用例的功能的重要程度。在划定用例的优先级时,没有什么严格的标准和界限,通常会根据系统需求划分成以下四个等级。

(1) P0:核心功能测试用例(冒烟测试),确定此版本是否可测的测试用例。此部分测试用例如果失败,其他测试用例就可以不用执行了。

(2) P1:高优先级测试用例,最常执行,用来保证功能是稳定的。包含基本功能测试和重要的错误、边界测试。

(3) P2:中优先级测试用例,更全面地验证功能的各个方面,包含异常测试、边界、中断、网络、容错、UI 等测试用例。

(4) P3:低优先级测试用例,不常被执行,一般包含性能、压力、兼容性、安全、可用性等。

3. 测试用例的特性

测试用例通常的主要特性如下。

(1) 有效性:测试用例能够被使用,且不同人员得到的测试结果一致。

(2) 可复用性:可以重复使用(回归测试)。

(3) 易组织性:可以分门别类地提供给测试人员参考和使用。

(4) 可评估性:从测试管理的角度,测试用例的通过率和软件缺陷的数目是软件产品质量好坏的测试标准。

(5) 可管理性:测试人员工作量的计算和绩效考核。

知识拓展:回归测试是指修改了旧代码后,重新进行测试以确认修改没有引入新的错误或导致其他代码产生错误的一种测试方法。

4. 测试用例的作用

测试用例通常使得测试工作可重复,是测试执行者工作的重要依据,其作用主要体现在以下几个方面。

(1) 帮助测试员理清思路,避免遗漏。测试用例提前准备好的测试数据可以帮助测试员做到心中有数,不会一个测试点重复测试好多次,也不会漏掉测试点。

(2) 测试用例的执行结果是评估测试结果的度量基准。如果设计全面覆盖需求的用例,测试用例都执行通过,发现的问题全部修改,即可放心交付给客户使用。

(3) 测试用例是分析缺陷的标准。因为测试用例中会详细描述期望结果,这个期望结果其实就是分析是不是有缺陷的一个标准。和预期结果一致的,就是没有缺陷;反之,和预期结果不一致,就是存在缺陷,需要进行修复。

5. 典型的测试用例表

一份好的用例可以帮助提高测试效率;相反,一份不好的用例,会给软件测试员的工作带来很多隐患,降低测试效率。表 3-1 是实际测试工作中使用的典型测试用例表,表 3-2 是本书中为了表达的简洁性使用的简化版测试用例表。

表 3-1   典型的测试用例表

测试用例 ID	测试用例的 ID(由案例管理系统自动生成,方便跟踪管理)
测试用例名称	

续表

产品名称		产品版本	
功能模块名称		测试平台	
用例入库者		用例更新者	
用例入库时间		用例更新时间	
测试功能点	测试的功能检查点		
测试目的	该测试案例的测试目的		
测试级别	测试级别：主路径测试、烟雾测试、基本功能测试、详细功能测试		
测试类型	测试类型：功能测试、边界测试、异常测试、性能测试、压力测试、兼容测试、安全测试、恢复测试、安装测试、界面测试、启动/停止测试、文档测试、配置测试、可靠性测试、易用性测试、多语言测试		
预置条件	对测试的特殊条件或配置进行说明		
测试步骤	详细描述测试过程，案例的操作步骤建议少于 15 个		
预期结果	预期的测试结果		
实际结果	实际的测试结果		

表 3-2　本书中简化版的测试用例表

用例编号	输　　入			预期输出	备　　注
	地区码	前　缀	后　缀		
1					
2					

◆ 3.6　软件测试的现状

我国的软件测试技术研究起步于"六五"期间，主要是随着软件工程的研究而逐步发展起来的。以前，软件测试一直被中小 IT 企业所忽视，只有一些知名企业才有专门的软件测试人员。软件产业发展到今天，更多的国内企业开始认识到测试的重要性。根据中国调研报告网发布的《2019 年中国软件测试行业现状研究分析与市场前景预测报告》显示，软件测试企业以非外包公司为主，其中，传统 IT 企业、互联网企业数量占比超过 50%。目前，软件测试企业对软件测试已有较高的认可度和重视度。随着企业对软件测试的重视度不断提升，企业测试人员与开发人员比基本保持在 1∶3 的比例，比例在 1∶7 以上的近几年来下降趋势明显。

目前，软件测试正在逐步成为一个新兴产业，主要体现在以下几个方面。

1. 软件测试的重要性和规范性不断提高

国家各部委、各行业正在通过测试来规范软件行业的健康发展，通过测试把不符合行业标准的软件挡在门外，对行业信息化的健康发展起到了很好的促进作用。在信息产业部关于计算机系统集成资质以及信息系统工程监理资质的认证中,软件测试能力已经被定为评价公司技术能力的一项重要指标。

2. 从手工向自动化测试方式的转变

传统的项目测试还是以手工为主,测试人员根据需求规格说明书的要求,与测试对象进行"人机对话"。大量的手工工作增加了项目人力成本和沟通成本,造成低效率以及高差错率。针对企业的网络应用环境需要支持大量用户和复杂的软硬件应用环境,手工测试的工作量也越来越大,自动化测试及管理已经成为项目测试的一大趋势。

自动化测试通过测试工具和其他手段,按照测试工程师的预定计划对软件产品进行自动的测试,它能够完成许多手工无法完成或者难以实现的测试工作,更好地利用资源,将烦琐的任务赋予自动化方式,从而提高测试准确性和测试人员的积极性。正确、合理地实施自动化测试,能够快速、全民地对软件进行测试,从而提高软件质量、节省经费,缩短产品发布周期。

3. 测试人员需求逐步增大,素质不断提高

随着IT业的迅猛发展,软件外包服务已成为继互联网和网络游戏后的第五次全球浪潮。由于外包对软件质量要求很高,国内软件企业要想在国际市场上立足,就必须重视软件质量,而作为软件质量的把关者,软件测试工程师日渐"走俏"。目前在国内120万软件从业人员中,真正能担当软件测试职位的不超过5万,而目前高等教育中专业的软件测试教育近于空白,独立开设软件测试课程的高校非常少,这就形成测试人才紧缺、需求不断增大的现象。据分析,目前国内软件测试的人才需求缺口超过20万人。

为了在软件市场保持竞争力,软件企业开始加强和重视测试人员的选拔、培养和知识培训。一方面,对测试人员的素质和要求逐步提高,测试人员不仅应掌握相关计算机知识背景、软件工程基本知识,熟悉项目编程语言、熟悉项目技术架构及需求内容,而且要求工作有责任感、独立分析能力及团队精神等方面;另一方面,软件企业为测试人员提供了进一步的培训机会,以应对各种测试项目的复杂情况。

4. 测试服务体系初步形成

随着用户对软件质量的要求越来越高,信息系统验收不再走过场,而要通过第三方测试机构的严格测试来判定。"以测代评"正在成为我国科技项目择优支持的一项重要举措,如国家"863"计划对数据库管理系统、操作系统、办公软件等项目的经费支持,都是通过第三方测试机构科学客观的测试结果来决定。随着第三方测试机构的蓬勃发展,在全国各地新成立的软件测试机构达十多家,测试服务体系已经基本确立起来。

2018年以后,软件测试岗位发展相对稳定,未来软件测试行业的前景体现在以下两个方面。

(1) 软件测试在未来5~10年内发展会很快,人口缺口很大。软件企业要靠产品去占领市场,研发部门要把产品开发出来,需要软件开发部门和软件测试部门的合作才能完成,开发部门开发的软件符不符合客户的需求,能不能实现所需诉求,都需要测试人员去保障。测试人员可谓是一个软件企业生存的命脉,测试这关过不了,做出来的产品将会漏洞无数。

(2) 软件测试行业对测试人员的技能要求也越来越高。以前很多测试人员由于知识不成体系,技术掌握不牢固,只能应对一些简单的测试工作。但是随着软件行业的发展,企业更多需要的是一些技术层级稍微高一点的软件测试人才。

随着软件产业的发展,软件产品的质量控制与质量管理正逐渐成为软件企业生存与发展的核心。几乎每个大中型 IT 企业的软件产品在发布前都需要大量的质量控制、测试和文档工作,而这些工作必须依靠拥有娴熟技术的专业软件人才来完成。软件测试工程师就是这样的一个企业重头角色。业内人士分析,软件测试工程师职位的需求主要集中在沿海发达城市,其中,北京和上海的需求量分别占去 33％和 29％。民企需求量最大,占 19％,外商独资欧美类企业需求排列第二,占 15％。

◇习　题

一、判断题

1. 单元测试通常由开发人员进行。　　　　　　　　　　　　　　　（　　）

2. 在任何情况下执行回归测试时,都应将以前测试过的用例全部执行一遍。（　　）

3. 穷尽测试是不可能的。　　　　　　　　　　　　　　　　　　　（　　）

4. 测试旨在防止错误的发生。　　　　　　　　　　　　　　　　　（　　）

5. 测试工作具有创造性。　　　　　　　　　　　　　　　　　　　（　　）

6. 测试用例应由测试输入数据和对应的实际输出结果这两部分组成。　（　　）

7. 黑盒测试又称数据驱动测试。　　　　　　　　　　　　　　　　　（　　）

8. 黑盒测试又称基于规格说明的测试。　　　　　　　　　　　　　　（　　）

9. 白盒测试又称逻辑驱动测试。　　　　　　　　　　　　　　　　　（　　）

10. 白盒测试又称基于程序的测试。　　　　　　　　　　　　　　　（　　）

11. 白盒测试又称结构测试。　　　　　　　　　　　　　　　　　　（　　）

二、选择题

1. 软件测试越早开始越好,因此软件测试应从(　　　　)阶段开始。

　　A. 需求分析(编制产品说明书)

　　B. 设计

　　C. 编码

　　D. 产品发布

2. 软件测试类型按开发阶段划分为(　　　)。

　　A. 需求测试、单元测试、集成测试

　　B. 单元测试、集成测试、系统测试、验收测试

　　C. 单元测试、集成测试、确认测试

　　D. 调试、单元测试、功能测试

3. 软件测试的目的是(　　　)。

　　A. 发现程序中的所有错误

　　B. 尽可能多地发现程序中的错误

　　C. 证明程序是正确的

　　D. 调试程序

4. 下列不属于测试用例设计原则的是(　　　)。

　　A. 测试用例应具有代表性　　　　　　　B. 测试用例的测试结果具有可判定性

C. 测试用例的测试结果具有可再现性　　　D. 测试用例的测试结果不具有可再现性

5. 以下(　　)不属于黑盒测试方法的优势。

A. 比较简单,不需要了解程序内部的代码及实现

B. 与软件的内部实现无关

C. 从用户的角度出发,能很容易知道用户会用到哪些功能

D. 不可能覆盖所有的代码,覆盖率较低

6. 关于软件测试,以下说法错误的是(　　)。

A. 测试能提高软件的质量,但是提高质量不能依赖测试

B. 测试只能证明缺陷存在,不能证明缺陷不存在

C. 开发人员测试自己的程序后,可作为该程序已经通过测试的依据

D. 80%的缺陷聚集在20%的模块中,经常出错的模块改错后还会经常出现

7. 软件测试是采用(　　)执行软件的活动。

A. 测试用例　　　　B. 输入数据　　　　C. 测试环境　　　　D. 输入条件

三、简答题

简述什么是测试用例。

软 件 缺 陷

本章内容
- 软件缺陷定义
- 软件缺陷产生原因
- 软件缺陷分类

学习目标

(1) 了解软件缺陷相关术语。

(2) 掌握软件缺陷定义。

(3) 了解软件缺陷产生原因和软件缺陷类型。

(4) 理解软件缺陷分类。

◆ 4.1 软件缺陷概述

　　软件缺陷是不可避免的。一方面,软件将由人来开发,在整个软件生存期的各个阶段,都贯穿着人的直接或间接的干预。然而人难免犯错误,这必然给软件留下不良痕迹,软件产品涉及的任何人员都可能犯错误。另一方面,软件产品与传统产品相比有不同的特征,如不可见性、灵活性、高度的复杂性等,这些特殊属性决定了软件缺陷产生的必然,也决定了软件质量管理是一项复杂的系统工程。可以说,软件开发就是引入软件错误或软件缺陷的过程,而软件测试就是发现软件错误或软件缺陷的过程。

4.1.1 软件缺陷相关术语

　　与软件缺陷相关的重要概念包括软件错误、软件缺陷、软件故障、软件失效。

1. 软件错误

　　广义的错误是指不正确的事物和行为。软件错误是指在软件生命周期内的不希望或不可接受的人为错误,将导致软件缺陷的产生。IEEE 对软件错误的定义是:人为地产生不正确结果的行为。可见,软件错误是一种人为的过程,相对于软件本身,是一种外部行为。

2. 软件缺陷

　　软件缺陷被认为是软件中的欠缺和不够完备的地方。软件的欠缺和不完备主要是针对产品说明书而言的,是静态的,如果不将其消除,它将永远存在。软件

故障和失效

运行于某一特定条件时软件缺陷将被激活,出现软件故障。

软件缺陷是造成软件故障乃至失效的内在原因。

3. 软件故障

软件故障是指在软件运行过程中出现的一种不希望或不可接受的内部状态。软件故障是一种状态行为,是指一个实体发生障碍和毛病。软件运行时丧失了在规定的限度内执行所需功能的能力即认为出现了故障。软件故障是动态的,可能导致软件失效,但也可能没有产生软件失效。具有容错能力的软件运行时容许有规定数量的故障出现而不导致失效;对于无容错的软件,故障即失效。

软件故障是软件缺陷的外在表现。

4. 软件失效

软件失效是软件运行时产生的一种不希望或不可接受的外部行为结果,是系统行为对用户要求的偏离,是一种面向用户的概念。当系统或软件运行时,出现不正确的输出,即称为失效。这就是说,失效意味着系统是在运行,而且只有在执行程序过程中才会发生软件失效。

"失效"指软件不能完成规定功能,是动态的,由软件故障所导致,是软件缺陷的外在表现。

图 4-1　软件失效机制

软件缺陷
5 个方面

综上所述,软件错误是一种人为错误,一个软件错误必定产生一个或多个软件缺陷;当一个软件缺陷被激活时,便产生一个软件故障;同一个软件缺陷在不同条件下被激活,可能产生不同的软件故障;软件故障如果没有及时使用容错措施加以处理,便不可避免地导致软件失效;同一个软件故障在不同条件下可能产生不同的软件失效。这就是软件失效的现象和机理,如图 4-1 所示。

4.1.2　软件缺陷定义

软件缺陷指软件产品(包括文档、数据、程序等)中存在的所有不希望或不可接受的偏差,这些偏差会导致软件的运行与预期不同,从而在某种程度上不能满足用户的需求。

美国的 Ron Patton 在其经典著作 *Software Testing* 中认为,如果出现了下面的一种或者多种情况,即说明软件中出现了缺陷。

(1) 软件没有实现产品说明书指定的应实现的功能。

(2) 软件实现了产品说明书指定的不应实现的功能,即超出了产品说明书指定的范围。

(3) 软件实现了产品说明书没有提及的功能。

(4) 软件没有实现产品说明书没有提到但是它应该实现的功能。

(5) 软件测试人员认为软件难于理解、不易使用、运行速度缓慢,或者最终用户认为软件不符合行业操作流程和规范,是明显不正确的、不好的。

IEEE729—1983 对软件缺陷的定义是:从产品内部看,缺陷是软件产品开发或维护过程中存在的错误、毛病等各种问题;从产品外部看,缺陷是系统所需要实现的某种功能的失效或违背。ISO9000 对软件缺陷的定义是:软件缺陷是未满足与预期或者规定用途有关的要求。可见,缺陷是软件中已经存在的一个部分,可以通过修改软件来消除缺陷。

◆ 4.2　软件缺陷类型

按照软件缺陷的不同表现,可以将其划分为不同的缺陷类别。

1. 功能不正常

简单地说就是所应提供的功能,在使用上并不符合产品设计规格说明书中规定的要求,或是根本无法使用。这个错误常常会发生在测试过程的初期和中期,有许多在设计规格说明书中规定的功能无法运行,或是运行结果达不到预期设计。最明显的例子就是在用户接口上所提供的选项及动作,使用者操作后毫无反应。

2. 软件在使用上感觉不方便

只要是不知如何使用或难以使用的软件,在产品设计上一定是出了问题。所谓好用的软件,就是使用上尽量方便,使用户易于操作。如微软推出的软件,在用户接口及使用操作上确实是下了一番功夫。有许多软件公司推出的软件产品,在彼此的接口上完全不同,这样其实只会增加使用者的学习难度,另一方面也凸显了这些软件公司的集成能力不足。

3. 软件的结构未做良好规划

如果是以自顶向下的结构或方法开发的软件,在功能的规划及组织上比较完整;相反,以自底向上的组合式方法开发出的软件则功能较为分散,容易出现缺陷。

4. 提供的功能不充分

这个问题与功能不正常不同,这里指的是软件提供的功能在运作上正常,但对于使用者而言却不完整。即使软件的功能运作结果符合设计规格的要求,系统测试人员在测试结果的判断上,也必须从使用者的角度进行思考,这就是所谓的"从用户体验出发"。

5. 与软件操作者的互动不良

一个好的软件必须与操作者之间可以实现正常互动。在操作者使用软件的过程中,软件必须很好地响应。例如,在浏览网页时,如果操作者在某一网页填写信息,但是输入的信息不足或有误。当单击"确定"按钮后,网页此时提示操作者输入信息有误,却并未指出错误在哪里,操作者只好回到上一页重新填写,或直接放弃离开。这个问题就是典型的在软件对操作互动方面未做完整的设计。

6. 使用性能不佳

被测软件功能正常,但使用性能不佳,这也是一个问题。此类缺陷通常是由于开发人员采用了错误的解决方案,或使用了不恰当的算法导致的,在实际测试中有很多缺陷都是因为采用了错误的解决方法,需要加以注意。

7. 没做好错误处理

软件除了避免出错之外,还要做好错误处理,许多软件之所以会产生错误,就是因为程序本身对于错误和异常处理的缺失。例如,被测软件读取外部的信息文件并已做了一些分类整理,但刚好所读取的外部信息文件内容已被损毁。当程序读取这个损毁的信息文件时,程序发现问题,此时操作系统不知该如何处理这个情况,为保护系统自身只好中断程序。由此可见设立错误和异常处理机制的重要性。

8. 边界错误

典型的边界错误就是缓冲区溢出问题,已成为网络攻击的常用方式。简单来说,程序本身无法处理超越边界所导致的错误。而这个问题,除了编程语言所提供的函数有问题之外,很多情况下是由于开发人员在声明变量或使用边界范围时不小心引起的。

下面是一个典型的缓冲区溢出的边界错误。

```
Void func (void)
{
    int I;
    char buffer[256];          //Buffer 定位为 256
    for (I=0;I<512;I++)        //越界
    buffer[I]='t';
…}
```

9. 计算错误

只要是计算机程序,就必定包括数学计算。软件之所以会出现计算错误,大部分原因是采用了错误的数学运算工具或未将累加器初始化为 0。

10. 使用一段时间所产生的错误

这类问题是程序开始运行正常,但运行一段时间后却出现了故障。最典型的例子就是数据库的查找功能。某些软件在刚开始使用时,所提供的信息查找功能运作良好,但在使用一段时间后发现,进行信息查找所需的时间越来越长。经分析查明,程序采用的信息查找方式是顺序查找,随着数据库信息的增加,查找时间自然会变长,这就需要改变解决方案了。

11. 控制流程的错误

控制流程的好坏,在于开发人员对软件开发的态度及程序设计是否严谨。软件在状态间的转变是否合理,要依据业务流程进行控制。例如,用户在进行软件安装时,输入用户名和一些信息后,软件就直接进行了安装,未提示用户变更安装路径、目的地等,这就是软件控制流程不完整导致的错误问题。

12. 在大数据量压力下所产生的错误

程序在处于大数据量状态下运行出现问题,就属于这类软件错误。大数据量压力测试对于服务器级的软件是必须进行的一项测试,因为服务器级的软件对稳定性的要求远比其他软件要高。通常连续的大数据量压力测试是必须实施的,例如,让程序处理超过 10 万笔数据信息,再来观察程序运行的结果。

13. 在不同硬件环境下产生的错误

这类问题的产生与硬件环境的不同相关。如果软件与硬件设备有直接关系,这样的问题就会数量相当多。例如,有些软件在特殊品牌的服务器上运行就会出错,这是由于不同的服务器内部采用了不同的处理机制。

14. 版本控制不良导致的错误

出现这样的问题属于项目管理的疏忽,当然测试人员未能尽忠职守也是原因之一。例如,一个软件被反映有安全上的漏洞,后来软件公司也很快将修复版本提供给用户。但在一年后推出新版本时,却忘记将这个已解决的 bug-fix 加入到新版本中。所以对用户来说,原本的问题已经解决了,但想不到新版本升级之后,问题又出现了。这就是由于版本控制问题,导致不同基线的整合出现误差,使得产品质量也出现了偏差。

15. 软件文档的错误

最后这类缺陷是软件文档错误。这里所提及的错误,除了软件所附带的使用手册、说明文档及其他相关的软件文档内容错误之外,还包括软件使用接口上的错误文字和错误用语、产品需求设计等的错误。错误的软件文档内容除了降低产品质量外,最主要的问题是会误导用户。

◇ 4.3　软件缺陷产生原因

软件缺陷产生的原因很多。在开发过程中,任何相关人员,包括需求/架构人员、设计人员、开发人员、测试人员等都可能“生产”软件缺陷。在实际工作中,缺陷产生的方式更是五花八门、层出不穷,原因也是多种多样的。因此,很难一下子把缺陷产生原因完全列举出来,下面只是一些引起缺陷的典型原因。

(1) 开发人员不太了解需求,不清楚该做什么、不该做什么,常常做不符合需求的事情,从而产生缺陷。

(2) 软件系统越来越复杂,开发人员不可能精通所有的技术。如果不能正确掌握新的技术或知识,可能会产生缺陷。

(3) 软件开发人员对文档的重视度不够,通常认为只有写代码才是他们的本职工作,因而技术文档普遍写得很差,甚至文档本身就有缺陷,可能导致文档使用者产生更多的缺陷。“人类没有联想,世界将会怎样”——受过高等教育的软件开发人员的思维都是极其活跃的,一旦没有了规范的项目文档,该用什么来统一软件项目团队成员对最终交付产品的认可呢?

(4) 软件需求说明书、设计报告、程序经常发生变更,每次变更都可能产生新的缺陷。

(5) 任何人在编程时都可能犯错误,导致程序中有缺陷。

(6) 技术人员常处于进度的压力之下,不能精心思考也很容易产生缺陷,尤其是在临近截止日期之际,频繁的加班使开发人员疲于应付进度,也更容易写出包含缺陷的代码。

(7) 很多开发人员过于自信,喜欢说“So easy”“小 case”,因此对一些代码不进行认真的调试,也是一些缺陷产生的原因。

(8) 频繁地复制代码而不是使用封装好的类或模块,也会使缺陷被随之复制到新的程序中,尤其是复制其他团队的代码时,更容易使一些缺陷隐藏在程序中。

(9) 软件开发人员对单元测试的重视程度不够,认为测试工作都是测试人员的事情。

(10) 软件研发人员往往会忽略软件开发的真实目的:客户投资研发软件的目的不是为了要实现这些代码,而是希望利用这些代码辅助实现其商业目的。这正是所谓的“软件代码不值钱,值钱的是软件所实现的业务逻辑”。

通过对软件缺陷产生原因的汇总分析,可以总结出缺陷产生的根源所在,从而有针对性地加以预防和修复。任何与开发过程有关的环节都可能会引入缺陷,缺陷根源主要表现在测试策略以及过程、工具和方法、技术团队与个人能力、组织和通信、软件、硬件、工作环境七个方面。

(1) 测试策略:错误的测试范围、误解测试目标、超越测试能力等。

(2) 过程、工具和方法:无效的需求收集过程、过时的风险管理过程、不实用的项目管理方法、没有估算规程、无效的变更控制过程等。

(3) 技术团队与个人能力:项目团队职责交叉,缺乏培训、没有经验、缺乏士气、动机不纯等。

（4）组织和通信：缺乏用户参与、职责不明确、管理失败等。

（5）软件：软件设置不对、缺乏或操作系统错误导致无法释放资源，工具软件的错误，编译器的错误等。

（6）硬件：硬件配置不对、缺乏或处理器缺陷导致算术精度丢失，内存溢出等。

（7）工作环境：组织机构调整、预算改变、工作环境恶劣、……

◇ 4.4 软件缺陷分类

可以按照不同的依据给缺陷分类，如按照软件的生命周期（需求分析阶段、产品设计阶段、产品维护阶段等）、软件的构成（软件文档、软件代码、软件数据等）、测试的工作点（UI界面、功能、性能等）。无论使用哪种分类方法，都是为了有效地区分缺陷所处的位置，以便尽快定位问题、解决问题。

4.4.1 按照开发阶段分类

软件工程过程主要包括开发过程、运作过程、维护过程，覆盖了需求、设计、编码、测试以及维护等活动。在软件开发的不同阶段，执行者如果对上层设计的认识不充分将导致本阶段的软件实现与上一层的设计意图不相符，从而产生不同缺陷。因此，按照缺陷来源的不同，开发阶段可以将软件缺陷分为需求缺陷、设计缺陷、编码缺陷、测试缺陷、维护缺陷，如表4-1所示。

表4-1 按照开发阶段区分的缺陷分类

编　　号	缺　陷　分　类	描　　　述
1	需求（Requirement）	由于需求的问题引起的缺陷
2	架构（Architecture）	由于架构的问题引起的缺陷
3	设计（Design）	由于设计的问题引起的缺陷
4	编码（Coding）	由于编码的问题引起的缺陷
5	测试（Testing）	由于测试的问题引起的缺陷
6	集成（Integration）	由于集成的问题引起的缺陷

据权威统计数据，需求文档不规范是导致软件缺陷的最大原因。需求不明确、客户对需求的变更频繁等，这些需求相关的因素可能是项目失败的关键原因。需求调研最重要的目的在于资料收集，要考虑周全，能够考虑到的问题点都需要和客户确认，避免想当然的做法。

据统计，软件生命周期各阶段软件缺陷所占的比例大致为：需求阶段占 54%，设计阶段占 25%，编码阶段占 15%，其他占 6%，如图4-2所示。可见，需求规格说明书是软件缺陷最多的地方，这主要是因为用户一般是非计算机专业人员，软件开发人员和用户的沟通本身就存在比较大的困难，对要开发的产品功能理解不一致；由于软件产品还没有设计、开发，完全靠想象去描述系统实现结果，所以有些特性还不够清晰；用户的需求总是在不断变化的，这些变化如果没有在产品规格说明书中得到正确描述，就容易引起前后文、上下文的矛盾；

部分开发人员对规格说明书不够重视,在规格说明书的设计和写作上投入的人力和时间不足;有时整个开发队伍的沟通也不够充分,可能只有设计师或项目经理得到的信息较多。

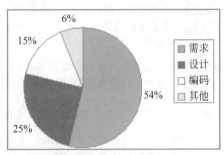

图 4-2   各阶段缺陷分布

　　随着软件开发阶段的不断开展,软件缺陷将被不断泄漏和放大,最终形成的产品是一个灰色的、距离用户真正需求很远的"东西",如图 4-3 所示。这就需要在开发过程中不断进行同行评审,减少泄漏到下一个阶段的缺陷数量。

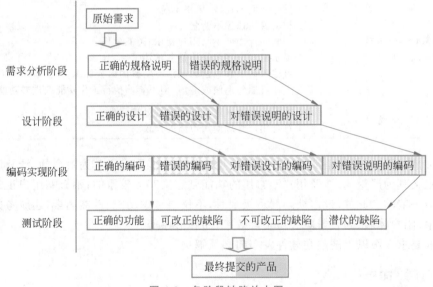

图 4-3   各阶段缺陷放大图

4.4.2　按照严重程度分类

　　缺陷严重程度(Severity)指软件缺陷对软件质量的破坏程度,即此缺陷的存在将对软件的功能和性能产生怎样的影响。定义缺陷的严重程度级别有助于统一对缺陷严重性的认识,使不同级别的缺陷能得到不同的处理。

　　软件缺陷的严重性通常由测试人员确定,应该从软件最终用户的观点出发做出判断,即判断缺陷的严重性要为用户考虑,考虑缺陷对用户使用造成的恶劣后果的严重性。

　　具体的严重级别名称各参考资料可能略有不同,但含义大同小异。软件组织也可根据项目具体情况自行定义缺陷严重级别。常见的为 5 级定义,如表 4-2 所示。

表 4-2　软件缺陷的严重程度

等级	缺陷严重程度	描　　述
1	致命（Critical）	不能执行正常工作功能或重要功能，或危及人身安全。 如死机、软件崩溃、非法退出、死循环、数据库死锁、数据丢失、重要功能丧失、内存泄漏或长时间运行后速度缓慢甚至不再响应输入、输出数据错误易引起用户财产损失或法律纠纷
2	严重（Very High 或 Major）	严重影响系统要求或基本功能的实现，不能执行正常工作或重要功能，使系统崩溃或资源严重不足，且无法更正（重新安装或重新启动软件不属于更正方法）。 如业务流程错误、功能不符、程序接口错误、数值计算错误
3	较重（High 或 Minor）	(1) 严重影响系统要求或基本功能的实现，但存在合理的更正办法（重新安装或重新启动软件不属于更正方法） (2) 界面显示不清楚难于理解 (3) 打印内容或格式错误 (4) 错误操作没有提示 (5) 删除没有确认 (6) 拼写错误
4	一般（Normal 或 Cosmetic）	(1) 操作界面不规范、风格不统一 (2) 辅助说明描述不清楚 (3) 长时间操作但不给用户提示，类似死机 (4) 提示窗口文字未采用行业术语 (5) 可输入区域和只读区域没有明显的区分标志 (6) 操作者感到不便或麻烦，但不影响执行工作功能或重要功能
5	轻微（Low 或 Other）	(1) 需求没有明确定义的建议性处理意见 (2) 符合用户常规使用习惯的建议

通常情况下，如果缺陷涉及用户频繁使用的核心功能则定义其为致命的；涉及用户常用功能则定义其为严重的；涉及用户不常用的功能则定义其为较重的；不影响用户正常使用则定义其为一般的。此外，设定缺陷严重级别时，不仅要考虑功能、性能因素，还应考虑用户的使用频率、用户体验、是否影响公司生产效率、品牌形象等。

一般要求 3 级以上缺陷在软件发布前必须解决。

4.4.3　按照优先级分类

缺陷优先级（Priority）指缺陷必须被修复的紧急程度，用于管理者决策。因为确定缺陷的修复顺序是个复杂的过程，有时不是纯粹的技术问题，将直接导致工作安排的优先顺序。项目经理或部门经理正是通过参考缺陷优先级来安排开发人员的工作顺序的，以降低项目风险和项目成本，高效解决问题。

缺陷优先级是表示处理和修正软件缺陷的先后顺序的指标，更多的是站在软件开发工程师的角度考虑问题，因此由开发人员确定较合适，但实际测试中通常也由测试人员确定。缺陷优先级通常定为 3 级，如表 4-3 所示。

有时也可将缺陷优先级定义为 4 级，包括：立即解决、高优先级、正常排队、低优先级。实际操作中，可以根据项目具体情况自定义缺陷优先级。缺陷优先级不是一成不变的。在项目开发期间，缺陷的优先级可能会随着项目的进展发生变化。

表 4-3　缺陷优先级

编号	缺陷优先级	描　述
1	紧急(Urgent 或 Resolve Immediately)	缺陷必须被立即解决
2	正常(Normal 或 Normal Queue)	缺陷需要正常排队等待修复
3	不紧急(Not Urgent)	缺陷可以在方便时被修正

缺陷的严重性和优先级是含义不同但相互联系密切的两个概念。它们分别从不同的侧面描述了软件缺陷对软件质量和最终用户的影响程度和处理方式。

一般严重性程度高的软件缺陷具有较高的优先级。因为严重性高表明缺陷对软件质量造成的危害性大,需要优先处理,而严重性低的缺陷可能只是软件不大尽善尽美,可以稍后处理。

但严重性和优先级并不总是一一对应的。有时严重性高的软件缺陷优先级不一定高,甚至不需要处理,而严重性低的缺陷却需要及时处理,具有较高的优先级。这是因为,修正软件缺陷并不是一个纯技术问题,有时需要综合考虑市场发布和质量风险等问题。例如,如果某个严重的软件缺陷只在非常极端的条件下产生,则没有必要马上解决。同样,如果修正一个软件缺陷,需要修改软件的整体架构,有可能产生更多潜在的缺陷,而软件由于市场的压力必须尽快发布,此时即使缺陷的严重性很高,也需全盘考虑是否修正。另外,同样是拼写错误,如果是界面单词拼写错误,则缺陷的严重性很低,但若是软件名称或公司名称拼写错误,就必须尽快修正,因为这关系到软件和公司的市场形象。

◆ 4.5　典型的软件缺陷

从系统性测试理论来看,已经实现的程序,需要在功能、性能、界面、接口和数据等上测试,因此,对应常见的典型软件缺陷类型有:功能缺陷、性能缺陷、界面缺陷、接口缺陷、数据缺陷等,如表 4-4 所示。

表 4-4　典型的软件缺陷

典型的软件缺陷	内 容 说 明	备　注
系统缺陷	(1) 由于程序引起的死机,非法退出 (2) 程序死循环 (3) 程序错误,不能执行正常工作或重要功能,使系统崩溃或资源严重不足	不能执行正常工作或重要功能,使系统崩溃或资源严重不足
数据缺陷	(1) 数据计算错误 (2) 数据约束错误 (3) 数据输入、输出错误	严重影响系统要求或基本功能的实现,且无法更正(重新安装或重新启动软件不属于更正方法)
数据库缺陷	(1) 数据库发生死锁 (2) 数据库的表、默认值未加完整性等约束条件 (3) 数据库连接错误 (4) 数据库中的表有过多空字段	

续表

典型的软件缺陷	内 容 说 明	备 注
接口缺陷	(1) 数据通信错误 (2) 程序接口错误 (3) 硬件接口、通信错误	
功能缺陷	(1) 程序功能无法实现 (2) 程序功能实现错误	严重影响系统要求或基本功能的实现,但存在合理的更正办法(重新安装或重新启动软件不属于更正方法)
安全性缺陷	(1) 用户权限无法实现 (2) 超时限制错误 (3) 访问限制错误 (4) 加密错误	
兼容性缺陷	与需求规定配置兼容性不符合	
性能缺陷	(1) 未达到预期需求目标 (2) 性能测试中出现错误,导致无法继续性能测试	
界面缺陷	(1) 操作界面错误 (2) 打印内容、格式错误 (3) 删除操作未给出提示 (4) 长时间操作未给出提示 (5) 界面不规范	使操作者感到不方便或遇到麻烦,但不影响工作功能的实现
建议类缺陷	(1) 功能建议 (2) 操作建议 (3) 校验建议 (4) 说明建议	建议性的改进要求

◇习　　题

一、选择题

1. 在软件生命周期的( )阶段,软件缺陷修复费用最低。

　　A. 需求分析　　　　B. 设计　　　　　　C. 编码　　　　　　D. 产品发布

2. 为了提高测试的效率,应该( )。

　　A. 随机地选取测试数据

　　B. 选择发现错误可能性大的数据作为测试数据

　　C. 在完成编码以后制订软件的测试计划

　　D. 取一切可能的输入数据作为测试数据

3. 经验表明,在程序测试中,某模块与其他模块相比,若该模块已发现并改正的错误较多,则该模块中残存的错误数目与其他模块相比,通常应该( )。

　　A. 较少　　　　　　B. 较多　　　　　　C. 相同　　　　　　D. 不确定

4. ( )不属于软件缺陷。

　　A. 银行 POS 机在用户取款时翻倍出钱,取 100,出 200

  B. 计算机病毒发作,屏幕出现熊猫烧香画面

  C. 网上售票软件反应迟钝,用户难以正常买票

  D. 某软件在进行修改升级之后,原来正常的功能现在出错了

5.(　　)不属于软件缺陷。

  A. 测试人员主观认为不合理的地方

  B. 软件未达到产品说明书标明的功能

  C. 软件出现了产品说明书指明不会出现的错误

  D. 软件功能超出产品说明书指明的范围

二、简答题

简述什么是软件缺陷。

黑 盒 测 试

本章内容

- 黑盒测试方法的基本概念
- 等价类划分
- 边界值分析
- 因果图
- 判定表

学习目标

(1) 理解黑盒测试方法的基本概念。

(2) 了解黑盒测试的常用策略。

(3) 掌握黑盒测试中等价类划分、边界值分析、因果图、判定表驱动测试技术。

(4) 理解黑盒测试中等价类划分和边界值分析、因果图和判定表之间的区别和联系。

(5) 根据规格说明运用等价类划分和边界值分析方法进行测试用例设计。

(6) 根据规格说明运用因果图和判定表方法进行测试用例设计。

◆ 5.1　黑盒测试基本概念

黑盒测试是一种从软件外部对软件实施的测试,也称功能测试、数据驱动测试或基于规格说明的测试。其基本观点是:任何程序都可以看作是从输入定义域到输出值域的映射,将被测程序看作一个打不开的黑盒,黑盒里面的内容(实现)是完全不知道的,也不关心黑盒里面的结构,只知道软件要做什么,只关心软件的输入数据和输出结果。

黑盒测试用来检测每个功能是否都能正常使用。在测试中,在完全不考虑程序内部结构和内部特性的情况下,在程序接口进行测试,它只检查程序功能是否按照需求规格说明书的规定正常使用,程序是否能适当地接收输入数据而产生正确的输出信息。因此,黑盒测试着眼于程序外部结构,主要针对软件界面和软件功能进行测试。如果外部特性本身设计有问题或规格说明的规定有误,用黑盒测试方法是发现不了的。

黑盒测试是以用户的角度,从输入数据与输出数据的对应关系出发进行测试的,能更好、更真实地从用户角度来考察被测系统的功能性需求实现情况。黑盒测试方法在软件测试的各个阶段,如单元测试、集成测试、系统测试及验收测试等阶段中都发挥着重要作用,尤其在系统测试和确认测试中,其作用是其他测试方法无法取代的。

锲而不舍,金石可镂

黑盒测试是针对产品说明开展的外部检测,要求测试员对待问题要锲而不舍,并善于总结经验。

黑盒测试方法把产品软件想象成一个只有出口和入口的黑盒,在测试过程中,只需要知道向黑盒输入什么,黑盒会产生什么结果。因此,黑盒测试方法是在程序接口上进行的测试,主要是为了发现以下错误。

(1) 是否有功能错误,是否有功能遗漏。

(2) 是否能够正确地接收输入数据并产生正确的输出结果。

(3) 是否有数据结构错误或外部信息访问错误。

(4) 是否有程序初始化和终止方面的错误。

黑盒测试方法主要有等价类划分法、边界值分析法、错误推测法、因果图法、判定表驱动法、正交实验设计法、功能图法、场景法等。

◈ 5.2　等价类划分

"黑盒"方法是详尽的输入测试,只有当所有可能的输入都用作测试条件时,才能以这种方式检测程序中的所有错误。理想的测试,是从所有可能的输入中找出代表性输入数据,力求使用最少的测试数据,发现尽可能多的缺陷,达到最好的测试质量。

确定这样的输入子集需要借助测试用例的两个特性:测试用例数量达到最少;某个测试用例要能覆盖大部分其他测试用例。第二个特性就暗示我们,应该尽量将程序输入范围进行划分,将其划分为有限数量的等价类,这样就可以合理地假设测试每个等价类的代表性数据等同于测试该类的其他任何数据。这两种特性形成了称为等价类划分的黑盒测试方法。

等价类是指某个输入测试的子集合,等价类划分就是根据需求规则把输入域划分为不同的子集合,如图 5-1 所示。在该子集合中,各个输入数据对于揭露程序中的错误都是等效的,并合理地假定:测试某等价类的代表值就等于对这一类其他值的测试。因此,可以把全部输入数据合理划分为若干等价类,在每一个等价类中取一个数据作为测试的输入条件,就可以用少量代表性的测试数据,取得较好的测试结果。

黑盒测试方法不仅要测试所有合法的输入,还要测试那些非法但可能的输入。因此,等价类划分可有两种不同的情况:有效等价类和无效等价类。

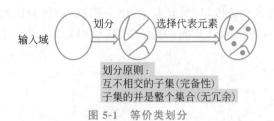

图 5-1 等价类划分

(1) 有效等价类: 有效等价类就是有效值的集合,它们是符合程序要求、合理且有意义的输入数据。

(2) 无效等价类: 无效等价类就是无效值的集合,它们是不符合程序要求、不合理或无意义的输入数据。

例如,某需求规格说明书对某功能的规定: 红酒单价 500 元一瓶,每次最多购买 100 瓶,购买数量在 50 瓶以上时 450 元一瓶。

此时,决定红酒价格的就是购买数量,50 瓶以内还是 50 瓶以上。因此,在限制输入数据是正整数的前提下,可以划分 $(0,50)$、$[50,100]$ 两个有效等价类,以及 $(100,-)$ 一个无效等价类。黑盒测试时,可以分别从 $(0,50)$、$[50,100]$ 两个数据区间选择代表性数据作为有效输入数据,例如 $25,75$;从 $(100,-)$ 数据区间选择代表性数据作为无效输入数据,例如 150。

从上面的简单示例中可以看出,等价类划分法主张从大量的数据中选择一部分数据用于测试,即尽可能使用最少的测试用例覆盖最多的数据,以发现更多的软件缺陷。该方法背后的假设是,如果某个等价类中的一个条件/值通过,则所有其他条件/值也将通过。同样,如果某个等价类中的一个条件失败,则该等价类中的所有其他条件都将失败。

了解了有效等价类与无效等价类,那么如何划分等价类呢?

5.2.1 等价类划分原则

在给定了输入或外部条件之后,等价类的划分原则如下。

(1) 按照区间划分: 如果程序要求输入值是一个有限区间的值,则可以将输入数据划分为一个有效等价类和两个无效等价类,有效等价类为指定的取值区间,两个无效等价类分为有限区间两边的值。

例如,某程序要求输入值 x 的范围为 $[1,100]$,则有效等价类为 $1 \leqslant x \leqslant 100$,无效等价类为 $x < 1$ 和 $x > 100$。

(2) 按照数值集合划分: 如果程序要求输入的值是一个"必须成立"的情况,则可以将输入数据划分为一个有效等价类和一个无效等价类。例如,某程序要求密码正确,则正确的密码为有效等价类,错误的密码为无效等价类。

例如,某程序要求输入数据 x 必须属于固定的枚举类型 $\{1,9,15\}$,且对这三个值做统一处理,则可以划分一个有效等价类 $x=1,9,15$ 和一个一个无效等价类 $x \neq 1,9,15$ 的输入值集合。

(3) 按照数值划分: 如果程序要求输入的值是一组数据,并且程序要对每一个输入值分别进行处理的情况,则可以将输入数据划分为 n 个有效等价类(每个输入值确定一个有效等价类)和一个无效等价类(所有不允许的输入值的集合)。

例如,某程序要求输入数据 x 必须属于固定的枚举类型 $\{1,9,15\}$,且对这三个值分别进行了处理,则可以划分三个有效等价类 $x=1,x=9,x=15$ 和一个 1 个无效等价类 $x\neq1$, 9,15 的输入值集合。

（4）按照规则划分：如果程序要求输入数据是一组可能的值,或者要求输入值必须符合某个条件,则可以将输入的数据划分为一个有效等价类和一个无效等价类。

例如,某程序要求输入数据必须是以数字开头的字符串,则以数字开头的字符串是有效等价类,不是以数字开头的字符串是无效等价类。

（5）细分等价类：如果在某一个等价类中,每个输入数据在程序中的处理方式都不相同,则应将该等价类划分成更小的等价类,并建立等价表。

同一个等价类中的数据发现程序缺陷的能力是相同的,如果使用等价类中的一个数据不能捕获缺陷,那么使用等价类中的其他数据也不能捕获缺陷;同样,如果等价类中的一个数据能捕获缺陷,那么该等价类中的其他数据也能捕获缺陷,即等价类中的所有输入数据都是等效的。

5.2.2　多变量的等价类划分组合

正确地划分等价类可以极大地降低测试用例的数量,测试会更准确有效。划分等价类时,要认真分析、审查划分,过于粗略的划分可能会漏掉软件缺陷。如果错误地将两个不同的等价类当作一个等价类,则会遗漏测试情况。例如,某程序要求输入取值范围为 $1\sim100$ 的整数,若一个测试用例输入了数据 0.6,则在测试中很可能只检测出非整数错误,而检测不出取值范围的错误。

在输入域包含多个变量时,首先需要针对每个变量划分等价类,然后根据不同变量等价类的组合设计测试用例。此时,根据测试用例的完整性可以划分为弱等价类测试和强等价类测试;根据是否考虑到无效等价类的情况划分为一般等价类和健壮等价类。组合起来,测试用例的完整性可以分为以下四种情况。

（1）弱一般等价类测试：遵循单缺陷原则,要求用例覆盖每一个变量的一种取值即可,取值为有效值。如图 5-2 所示,图中假设函数 $y=f(x_1,x_2)$ 输入变量的取值范围分别为：$x_1\in[a,b]$ 或 $x_1\in[b,c]$ 或 $x_1\in[c,d]$,$x_2\in[g,f]$ 或 $x_2\in[f,e]$。

（2）弱健壮等价类测试：在弱一般等价类的基础上,增加取值为无效值的情况。为每个变量的每个无效等价类设计一个无效测试用例,其余变量的取值保持在有效范围内,如图 5-3 所示,其中,实心小圆圈代表有效等价类用例,空心小圆圈代表无效等价类用例。

（3）强一般等价类测试：遵循多缺陷原则,要求测试用例覆盖每个变量的每种有效取值之间的笛卡儿积,即所有变量所有有效取值的所有组合,如图 5-4 所示,变量 x_1 有 3 个有效等价类,变量 x_2 有 2 个有效等价类,那么应设计 3×2 共 6 个用例覆盖所有的有效等价类组合。

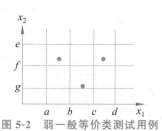
图 5-2　弱一般等价类测试用例

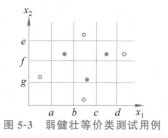
图 5-3　弱健壮等价类测试用例

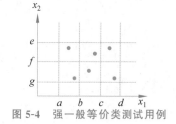
图 5-4　强一般等价类测试用例

(4) 强健壮等价类测试:在强一般等价类的基础上,增加取值为无效值的情况。要求测试用例覆盖每个变量的每种等价(有效和无效)取值之间的笛卡儿积,即所有变量所有等价(有效和无效)取值的所有组合,如图 5-5 所示,变量 x_1 有 3 个有效等价类和 2 个无效等价类,变量 x_2 有 2 个有效等价类和 2 个无效等价类,那么应设计 $(3+2) \times (2+2)$ 共 20 个用例覆盖所有的等价类组合。

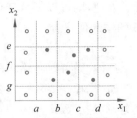

图 5-5 强健壮等价类测试用例

5.2.3 等价类划分测试

用等价类划分方法进行黑盒测试用例设计时,首先应该根据需求说明进行等价类划分;其次为有效等价类设计测试用例;最后为无效等价类设计测试用例。

在设计等价类设计测试用例时,通常遵循以下原则。

(1) 为每一个等价类规定一个唯一的编号。

(2) 设计一个新的测试用例,使其尽可能多地覆盖尚未被覆盖的有效等价类,重复这一步,直到所有的有效等价类都被覆盖为止。

(3) 设计一个新的测试用例,使其仅覆盖一个尚未被覆盖的无效等价类,重复这一步,直到所有的无效等价类都被覆盖为止。

例 5-1 电话号码问题的等价类划分测试。

某城市电话号码由三部分组成:①地区码,空白或三位数字;②前缀,不能是以 1 和 2 开头的三位数字;③后缀,4 位数字。

解答:

(1) 划分等价类。此例中,可以把输入数据看作由地区码、前缀和后缀 3 个变量组成。根据需求说明划分为如表 5-1 所示的等价类。

表 5-1 某城市电话号码的等价类划分

输入条件	有效等价类	无效等价类
地区码	(1) 空白	(5) 有非数字字符
	(2) 3 位数	(6) 少于 3 位数
		(7) 多于 3 位数
前缀	(3) 200～999 的数字	(8) 有非数字字符
		(9) 起始位为 0
		(10) 起始位为 1
		(11) 少于 3 位数
		(12) 多于 3 位数
后缀	(4) 4 位数字	(13) 有非数字字符
		(14) 少于 4 位数
		(15) 多于 4 位数

（2）为有效等价类和无效等价类编写测试用例。

根据多变量等价类划分组合，为有效等价类编写测试用例时有以下 4 种选择。

① 弱一般等价类用例。

使用最少测试用例覆盖每个有效等价类。在例 5-1 中弱一般等价类的用例设计如表 5-2 所示。

表 5-2　弱一般等价类用例设计

用例编号	输　入			预 期 输 出	覆盖有效等价类
	地区码	前　缀	后　缀		
1	空白	300	1111	有效	（1）（3）（4）
2	232	555	2222	有效	（2）（3）（4）

② 弱健壮等价类用例。

在弱一般等价类的基础上，增加取值为无效值的情况。对于无效输入，测试用例将拥有一个无效值，并保持其余的值是有效的。在例 5-1 中弱健壮等价类的用例设计如表 5-3 所示。

表 5-3　弱健壮等价类用例设计

用例编号	输　入			预 期 输 出	覆盖有效等价类
	地区码	前　缀	后　缀		
1	空白	300	1111	有效	**（1）**（3）**（4）**
2	232	555	2222	有效	**（2）**（3）**（4）**
3	321	123	4006	无效	**（5）**（4）
4	11	122	6330	无效	**（6）**（3）（4）
5	1235	133	6550	无效	**（7）**（3）（4）
6	空白	331	1234	无效	（1）**（8）**（4）
7	空白	033	3344	无效	（1）**（9）**（4）
8	333	144	3232	无效	（2）**（10）**（4）
9	444	14	3443	无效	（2）**（11）**（4）
10	555	1444	5201	无效	（2）**（12）**（4）
11	空白	255	4651	无效	（1）（3）**（13）**
12	321	456	652	无效	（2）（3）**（14）**
13	354	965	6422	无效	（2）（3）**（15）**

③ 强一般等价类用例。

强一般等价类是基于多缺陷假设，强一般等价类的测试用例是要覆盖每个有效等价类取值的笛卡儿积，即在有效等价类取值的所有组合。本例中强一般等价类测试用例的组合个数是 $2 \times 1 \times 1 = 2$，与弱一般等价类测试用例没有区别。

④ 强健壮等价类用例。

在强一般等价类的基础上,增加取值为无效值的情况,也是运用笛卡儿积思路得出测试用例。测试用例个数有(2+3)×(1+5)×(1+3)=5×6×4=120(个),用例数量太多,就不一一列出来了。

例 5-1 从四个不同方面来思考怎样设计等价类测试用例,实际工作中应该根据测试项目需求选择其中一种等价类测试用例进行测试。例如,如果测试的是核心模块,可以选择强健壮等价类测试用例进行测试;如果测试的是重要非核心模块,可以选择强一般等价类测试用例进行测试。本书中如果没有特殊说明,默认只进行强一般等价类测试用例设计。

知识拓展

使用等价类划分法设计测试用例的重点在于划分有效等价类和无效等价类粗细的粒度。粒度越粗,设计测试用例越少,粒度越细,设计测试用例越多。相对来说,粒度越细,越能发现更多问题。

例 5-2-1 NextDate 函数的等价类划分测试。

NextDate 函数包含三个变量:month、day 和 year,函数的输出为输入日期后一天的日期。例如,输入为 2020 年 3 月 7 日,则函数的输出为 2020 年 3 月 8 日。要求输出变量 month、day 和 year 均为整数值,并且满足下列条件:$1 \leqslant month \leqslant 12$,$1 \leqslant day \leqslant 31$,$1920 \leqslant year \leqslant 2050$。

解答:

该函数的主要特点是输入变量之间的逻辑关系比较复杂,变量 year 和变量 month 取不同值时,对应的变量 day 会有不同的取值范围,或 1~30 或 1~31 或 1~28 或 1~29。

(1) 划分等价类。

等价关系的要点是:等价类中的元素要被"同样处理",此例中月中、月末、年末被"同样处理"。因此,更详细的有效等价类如下。

变量 month:M1={month:month 有 30 天}、M2={month:month 有 31 天,除去 12 月}、M3={month:month 是 2 月}、M4={month:month 是 12 月}。

变量 day:D1={day:$1 \leqslant day \leqslant 28$}、D2={day:day=29}、D3={day:day=30}、D4={day:day=31}。

变量 day:Y1={year:year 是闰年}、Y2={year:year 是平年}。

(2) 为有效等价类和无效等价类编写测试用例。

本例中只进行强一般等价类测试用例设计。强一般等价类要做独立性假设,以等价类的笛卡儿积表示。在本问题中,变量 month 等价类数量为 4、变量 day 等价类数量为 4、变量 year 等价类数量为 2,故强一般等价类测试用例数量为 4×4×2=32,如表 5-4 所示。

从表 5-4 中可以看到,NextDate 函数对输入日期的输出处理主要有以下三种情况。

表 5-4 NextDate 函数的强一般等价类用例设计

用例编号	输入			预期输出	覆盖有效等价类
	year	month	day		
1	1999	4	15	1999-4-16	Y1 M1 D1
2	1999	4	29	1999-4-30	Y1 M1 D2

用例编号	输　入			预 期 输 出	覆盖有效等价类
	year	month	day		
3	1999	4	30	1999-5-1	Y1 M1 D3
4	1999	4	31	无效	Y1 M1 D4
5	1999	1	15	1999-1-16	Y1 M2 D1
6	1999	1	29	1999-1-30	Y1 M2 D2
7	1999	1	30	1999-1-31	Y1 M2 D3
8	1999	1	31	1999-2-1	Y1 M2 D4
9	1999	2	15	1999-2-16	Y1 M3 D1
10	1999	2	29	无效	Y1 M3 D2
11	1999	2	30	无效	Y1 M3 D3
12	1999	2	31	无效	Y1 M3 D4
13	1999	12	15	1999-12-16	Y1 M4 D1
14	1999	12	29	1999-12-30	Y1 M4 D2
15	1999	12	30	1999-12-31	Y1 M4 D3
16	1999	12	31	2000-1-1	Y1 M4 D4
17	2000	4	15	2000-4-16	Y2 M1 D1
18	2000	4	29	2000-4-30	Y2 M1 D2
19	2000	4	30	2000-5-1	Y2 M1 D3
20	2000	4	31	无效	Y2 M1 D4
21	2000	1	15	2000-1-16	Y2 M2 D1
22	2000	1	29	2000-1-30	Y2 M2 D2
23	2000	1	30	2000-1-31	Y2 M2 D3
24	2000	1	31	2000-2-1	Y2 M2 D4
25	2000	2	15	2000-2-16	Y2 M3 D1
26	2000	2	29	2000-3-1	Y2 M3 D2
27	2000	2	30	无效	Y2 M3 D3
28	2000	2	31	无效	Y2 M3 D4
29	2000	12	15	2000-12-16	Y2 M4 D1
30	2000	12	29	2000-12-30	Y2 M4 D2
31	2000	12	30	2000-12-31	Y2 M4 D3
32	2000	12	31	2001-1-1	Y2 M4 D4

非月末:变量 day+1 作为输出日期。

月末:变量 month+1、变量 day+1 作为输出日期。

年末:变量 year+1、变量 month=1、变量 day=1 作为输出日期。

表 5-4 中仍然存在不足。

首先,变量 day 的等价类 D1={day:1≤day≤28}划分没有考虑到闰年和平年 2 月份月末日期的不同和因此造成的输出处理差别。例如,1999 年 2 月 28 日是月末,NextDate 函数的输出是 1999-3-1;而 2000 年 2 月 28 不是月末,NextDate 函数的输出是 1999-2-29。

其次,变量 day 的等价类 D2={day:day=29}的划分仅对 2 月份的输出处理有意义,对于其他月份来说,D2 和 D1 的处理无差别,这造成了部分冗余。例如,表 5-4 中第 18 行和第 17 行一样是非月末,NextDate 函数的输出处理也是一样的,因此属于冗余。类似地,变量 day 的等价类 D3={day:day=30}的划分仅对 M1={month:month 有 30 天}的输出处理有意义,对 M2={month:month 有 31 天,除去 12 月}和 M4={month:month 是 12 月}来说,D3 和 D1 的处理无差别,这同样造成了部分冗余。例如,表 5-4 中第 23 行和第 22 行一样是非月末,NextDate 函数的输出处理也是一样的,属于冗余。

最后,对于 2 月份来说,NextDate 函数对变量 day 的等价类 D3={day:day=30}、D4={day:day=31}划分的输出处理也是一样的,也属于冗余,例如,表 5-4 中第 12 行和第 11 行一样是超过 2 月份日期范围的非法输入,NextDate 函数的输出处理也是一样的,属于冗余。

针对上述问题,我们增加非闰年和闰年 2 月 28 日的测试用例(第 33 和 34 行),并删除掉表 5-4 中的 10 个冗余用例(第 2、6、7、14、15、18、22、23、30 和 31 行),最终生成 24 个测试用例,结果如表 5-5 所示。

表 5-5 NextDate 函数强一般等价类用例设计优化

用例编号	输入			预 期 输 出	覆盖有效等价类
	year	month	day		
1	1999	4	15	1999-4-16	Y1 M1 D1
3	1999	4	30	1999-5-1	Y1 M1 D3
4	1999	4	31	无效	Y1 M1 D4
5	1999	1	15	1999-1-16	Y1 M2 D1
8	1999	1	31	1999-2-1	Y1 M2 D4
9	1999	2	15	1999-2-16	Y1 M3 D1
10	1999	2	29	无效	Y1 M3 D2
11	1999	2	30	无效	Y1 M3 D3
12	1999	2	31	无效	Y1 M3 D4
13	1999	12	15	1999-12-16	Y1 M4 D1
16	1999	12	31	2000-1-1	Y1 M4 D4
17	2000	4	15	2000-4-16	Y2 M1 D1

续表

用例编号	输　　入			预 期 输 出	覆盖有效等价类
	year	month	day		
19	2000	4	30	2000-5-1	Y2 M1 D3
20	2000	4	31	无效	Y2 M1 D4
21	2000	1	15	2000-1-16	Y2 M2 D1
24	2000	1	31	2000-2-1	Y2 M2 D4
25	2000	2	15	2000-2-16	Y2 M3 D1
26	2000	2	29	2000-3-1	Y2 M3 D2
27	2000	2	30	无效	Y2 M3 D3
28	2000	2	31	无效	Y2 M3 D4
29	2000	12	15	2000-12-16	Y2 M4 D1
32	2000	12	31	2001-1-1	Y2 M4 D4
33	1999	2	28	1999-3-1	Y1 M1 D1
34	2000	2	28	2000-2-29	Y2 M1 D1

◆ 5.3　边界值分析

　　边界值分析(Boundary Value Analysis)是一种通过选择等价类边界值设计测试用例的方法。边界值分析法不仅重视输入条件边界,而且必须考虑输出域边界。边界值分析方法是对等价类划分方法的补充。

　　长期的测试工作经验告诉我们,大量的错误是发生在输入或输出范围的边界上,而不是发生在输入或输出范围的内部。因此针对各种边界情况设计测试用例,可以查出更多的错误。

　　使用边界值分析方法设计测试用例时,应首先确定边界情况。通常输入和输出等价类的边界,就是应着重测试的边界情况。边界值分析方法通常选取正好等于、刚刚大于或刚刚小于边界的值作为测试数据,而不是选取等价类中的典型值或任意值作为测试数据。

　　一般来说,基于边界值分析方法选择测试用例的原则如下。

　　(1) 如果输入条件规定了值的范围,则应取刚达到这个范围的边界的值,以及刚刚超越这个范围边界的值作为测试输入数据。

　　例如,两位整数加法器数的范围是[−99,99],则应测试边界数值−99,−98,−100 和99,98,100。

　　(2) 如果输入条件规定了值的个数,则用最大个数、最小个数、比最小个数少 1、比最大个数多 1 的数作为测试数据。

　　例如,姓名要求包括 1～20 个字符,则需要测试姓名包括 1 个字符、0 个字符、2 个字符、20 个字符、19 个字符、21 个字符的情况作为边界值测试。

（3）根据规格说明的每个输出条件，使用前面的原则（1）。

例如，输出结果范围[－999,999]，我们应该设计边界值数据，使得结果分别是－999，－998，－1000和999,998,1000。

（4）根据规格说明的每个输出条件，应用前面的原则（2）。

例如，某商品信息查询系统，每页最多显示10条商品信息，我们应准备边界值测试数据，使系统能够查询出10条、11条、0条、1条商品记录。

（5）如果程序的规格说明给出的输入域或输出域是有序集合，则应选取集合的第一个元素和最后一个元素作为测试用例。

（6）如果程序中使用了一个内部数据结构，则应当选择这个内部数据结构的边界上的值作为测试用例。

（7）分析规格说明，找出其他可能的边界条件。

最坏一般
边界值

5.3.1 边界值分析测试分类

与等价类划分方法类似，在输入域包含多个变量时，首先需要针对每个变量进行边界值分析，然后根据不同变量边界值的组合设计测试用例。此时，根据测试用例的完整性可以划分为单缺陷假设边界值分析和多缺陷假设边界值分析；根据是否考虑到无效值的情况划分为一般边界值分析和健壮边界值分析。组合起来，测试用例的完整性可以分为如表5-6所示的四种情况。

表5-6   边界值分析测试分类

	单缺陷假设	多缺陷假设
有效值	一般边界值分析	一般最坏边界值分析
无效值	健壮边界值分析	健壮最坏边界值分析

其中，单缺陷假设是指"失效极少是由两个或两个以上的缺陷同时发生引起的"，要求测试用例只使一个变量取极值，其他变量均取正常值；多缺陷假设是指"失效是由两个或两个以上缺陷同时作用引起的"，要求测试用例时同时让多个变量取极值。

1. 一般边界值分析

仅考虑有效区间单个变量边界值，遵循单缺陷原则，要求边界值取最小值、略高于最小值、正常值、略低于最大值和最大值，如图5-6所示，图中假设函数$y=f(x_1,x_2)$输入变量的取值范围分别为：$x_1\in[a,b]$，$x_2\in[c,d]$。

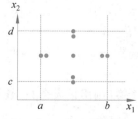

图5-6   一般边界值分析

如果被测变量个数为n，则测试用例个数为$4n+1$。

例 5-3 一般边界值分析法应用。

有函数 $f(x, y, z)$,其中,$x \in [1900, 2100]$,$y \in [1, 12]$,$z \in [1, 31]$。请写出该函数采用一般边界值分析法设计的测试用例。

解答:

本例中函数 f 包含 3 个变量,采用一般边界值分析法,至少要产生 $4 \times 3 + 1 = 13$ 个用例,结果如表 5-7 所示。

表 5-7　一般边界值分析测试示例

用例编号	输　入			预期输出	备　　注
	x	y	z		
1	1900	6	15	略	x 的有效左边界 1
2	1901	6	15	略	x 的有效左边界 2
3	2100	6	15	略	x 的有效右边界 1
4	2099	6	15	略	x 的有效右边界 2
5	2000	1	15	略	y 的有效左边界 1
6	2000	2	15	略	y 的有效左边界 2
7	2000	12	15	略	y 的有效右边界 1
8	2000	11	15	略	y 的有效右边界 2
9	2000	6	1	略	z 的有效左边界 1
10	2000	6	2	略	z 的有效左边界 2
11	2000	6	30	略	z 的有效右边界 1
12	2000	6	31	略	z 的有效右边界 2
13	2000	6	15	略	正常值

2. 一般最坏边界值分析

不仅考虑有效区间单个变量边界值,还考虑有效区间多个变量边界值同时作用,遵循多缺陷原则,要求边界值取各个变量最小值、略高于最小值、正常值、略低于最大值和最大值的笛卡儿积,如图 5-7 所示,图中假设函数 $y = f(x_1, x_2)$ 输入变量的取值范围分别为:$x_1 \in [a, b]$,$x_2 \in [c, d]$。

如果被测变量个数为 n,则测试用例个数为 $5n$。

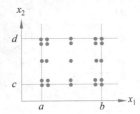

图 5-7　一般最坏边界值分析

例 5-4 一般最坏边界值分析法应用。

有函数 $f(x, y)$,其中,$x \in [1900, 2100]$,$y \in [1, 12]$。请写出该函数采用一般最坏边界值分析法设计的测试用例。

解答:

本例中函数 f 包含两个变量,采用一般最坏边界值分析法,至少要产生 $5^2 = 25$ 个用例,结果如表 5-8 所示。

表 5-8 一般最坏边界值分析测试示例

用例编号	输入		预期输出	备注
	x	y		
1	1900	6	略	x 单边界
2	1901	6	略	x 单边界
3	2100	6	略	x 单边界
4	2099	6	略	x 单边界
5	2000	1	略	y 单边界
6	2000	2	略	y 单边界
7	2000	12	略	y 单边界
8	2000	11	略	y 单边界
9	2000	6	略	正常值
10	1900	1	略	x 左边界 1，y 左边界 1
11	1900	2	略	x 左边界 1，y 左边界 2
12	1901	1	略	x 左边界 2，y 左边界 1
13	1901	2	略	x 左边界 2，y 左边界 2
14	2100	1	略	x 右边界 1，y 左边界 1
15	2100	2	略	x 右边界 1，y 左边界 2
16	2099	1	略	x 右边界 2，y 左边界 1
17	2099	2	略	x 右边界 2，y 左边界 2
18	1900	11	略	x 左边界 1，y 右边界 1
19	1900	12	略	x 左边界 1，y 右边界 2
20	1901	11	略	x 左边界 2，y 右边界 1
21	1901	12	略	x 左边界 2，y 右边界 2
22	2100	11	略	x 右边界 1，y 右边界 1
23	2100	12	略	x 右边界 1，y 右边界 2
24	2099	11	略	x 右边界 2，y 右边界 1
25	2099	12	略	x 右边界 2，y 右边界 2

3. 健壮边界值分析

同时考虑有效区间和无效区间单个变量边界值。要求边界值除了取最小值、略高于最小值、正常值、略低于最大值、最大值，还要取略超过最大值和略小于最小值的值，如图 5-8 所示，图中假设函数 $y=f(x_1,x_2)$ 输入变量的取值范围分别为 $x_1\in[a,b]$，$x_2\in[c,d]$。

如果被测变量个数为 n，则测试用例个数为 $6n+1$。

例 5-5 健壮边界值分析法应用。

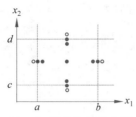

图 5-8 健壮边界值分析

有函数 $f(x,y)$，其中，$x \in [1900,2100]$，$y \in [1,12]$。请写出该函数采用健壮边界值分析法设计的测试用例？

解答：

本例中函数 f 包含两个变量，采用健壮边界值分析法，至少要产生 $6 \times 2 + 1 = 13$ 个用例，结果如表 5-9 所示。

表 5-9 健壮边界值分析测试示例

用例编号	输 入		预 期 输 出	备 注
	x	y		
1	1900	6	略	x 有效单边界
2	1901	6	略	x 有效单边界
3	2100	6	略	x 有效单边界
4	2099	6	略	x 有效单边界
5	2000	1	略	y 有效单边界
6	2000	2	略	y 有效单边界
7	2000	12	略	y 有效单边界
8	2000	11	略	y 有效单边界
9	2000	6	略	正常值
10	1899	6	略	x 无效单边界
11	2101	6	略	x 无效单边界
12	2000	0	略	y 无效单边界
13	2000	13	略	y 无效单边界

4. 健壮最坏边界值分析

同时考虑有效区间和无效区间多个变量边界值同时作用，要求边界值取各个变量最小值、略高于最小值、正常值、略低于最大值、最大值、略超过最大值和略小于最小值的笛卡儿积，如图 5-9所示，图中假设函数 $y = f(x_1, x_2)$ 输入变量的取值范围分别为 $x_1 \in [a,b]$，$x_2 \in [c,d]$。

如果被测变量个数为 n，则测试用例个数为 $7n$。

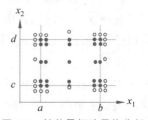

图 5-9 健壮最坏边界值分析

表 5-10 健壮最坏边界值分析补充用例

用例编号	输入		预期输出	备 注
	x	y		
1	1899	0	略	x 无效左边界,y 无效左边界
2	1899	1	略	x 无效左边界
3	1899	2	略	x 无效左边界
4	1899	6	略	x 无效左边界
5	1899	11	略	x 无效左边界
6	1899	12	略	x 无效左边界
7	1899	13	略	x 无效左边界,y 无效右边界
8	2101	0	略	x 无效右边界,y 无效左边界
9	2101	1	略	x 无效右边界
10	2101	2	略	x 无效右边界
11	2101	6	略	x 无效右边界
12	2101	11	略	x 无效右边界
13	2101	12	略	x 无效右边界
14	2101	13	略	x 无效右边界,y 无效右边界
15	1900	0	略	y 无效左边界
16	1901	0	略	y 无效左边界
17	2000	0	略	y 无效左边界
18	2099	0	略	y 无效左边界
19	2100	0	略	y 无效左边界
20	1900	13	略	y 无效右边界
21	1901	13	略	y 无效右边界
22	2000	13	略	y 无效右边界
23	2099	13	略	y 无效右边界
24	2100	13	略	y 无效右边界

例 5-6 健壮最坏边界值分析法应用。

有函数 $f(x,y)$,其中,$x \in [1900,2100]$,$y \in [1,12]$。请写出该函数采用健壮最坏边界值分析法设计的测试用例。

解答:

本例中函数 f 包含两个变量,采用健壮最坏边界值分析法,至少要产生 $7^2 = 49$ 个用例,除了表 5-8 中的 25 个测试用例,还应该再补充 24 个包含无效值的测试用例,补充的测试用例如表 5-10 所示。

5.3.2　边界值分析和等价类划分的综合运用

等价类、边界值都是以数据为中心的用例设计方法,是几乎所有黑盒测试方法的基础,也是工作中最常用(甚至是首要)的设计方法。等价类划分法是将测试系统中的输入、输出、操作等相似内容分组,从每组中挑选具有代表性的内容作为测试用例,划分为有效等价类和无效等价类。边界值分析法是确认输入、输出的边界,然后取刚好等于、大于、小于边界的参数作为测试用例测试。

依据等价类划分设计的测试用例是范围值,从范围中随机抽取一个数值作为测试用例数据;依据边界值分析设计的测试用例是特定明确的值,是每个等价类的每个边界值都要作为测试用例数据。等价类是为了在有限测试成本内控制测试范围并尽可能多地覆盖测试范围,边界值是为了准确地测试边界效应,通常是作为对等价类划分法的补充。

实际测试工作中,能常把等价类划分和边界值分析结合起来使用。即先根据规格说明为系统的输入或输出划分等价类,然后分析每个等价类的边界值,最后编写等价类测试用例和边界值测试用例,并汇总在一起。

例 5-2-1 中对 NextDate 函数做了第一次测试尝试:用等价类划分方法为该函数设计了 32 个测试用例,并最终简化到 25 个测试用例。接下来,在例 5-2-1 的基础上,对 NextDate 函数做健壮边界值分析测试尝试。

例 5-2-2　NextDate 函数的边界值分析测试。

解答:

NextDate 函数包括三个整数值输入变量 month、day 和 year,并且满足下列条件:$1 \leqslant$ month $\leqslant 12, 1 \leqslant$ day $\leqslant 31, 1920 \leqslant$ year $\leqslant 2050$。按照 5.3.1 节的健壮边界值分析测试原理,可以为 NextDate 函数补充 $6 \times 3 + 1 = 19$ 个测试用例,如表 5-11 所示。

勤思敏学 5-1:为什么表 5-11 中的非阴影部分 month 的取值有 5 月和 6 月? 表 5-11 还有什么不足? 有没有进一步的改进措施?(提示,不是所有月份中 day 的取值范围都相同,应该区别对待。)

表 5-11　NextDate 函数的边界值分析测试用例

用例编号	输　　入			预期输出	备　　注
	year	month	day		
1	1920	6	15	1920-6-16	year 有效单边界
2	1921	6	15	1921-6-16	year 有效单边界
3	2049	4	30	2049-6-16	year 有效单边界
4	2050	6	15	2050-6-16	year 有效单边界
5	1919	6	15	1919-6-16	year 无效单边界
6	2051	6	15	2051-1-30	year 无效单边界
7	1985	1	15	1999-1-31	month 有效单边界
8	1985	2	15	1999-2-1	month 有效单边界

用例编号	输　入			预期输出	备　注
	year	month	day		
9	1985	11	15	1999-2-16	month 有效单边界
10	1985	12	15	无效	month 有效单边界
11	1985	0	15	无效	month 无效单边界
12	1985	13	15	无效	month 无效单边界
13	1985	5	1	1999-12-16	day 有效单边界
14	1985	5	2	1999-12-30	day 有效单边界
15	1985	5	30	1999-12-31	day 有效单边界
16	1985	5	31	2000-1-1	day 有效单边界
17	1985	5	0	2000-4-16	day 无效单边界
18	1985	5	32	2000-4-30	day 无效单边界
19	1985	6	30	2000-5-1	正常值

例 5-7　雇员工资计算的等价类划分和边界值分析测试。

编写程序,输入某雇员的工作时间(以小时计)和每小时的工资数,计算并输出他的工资。具体如下。

若雇员周工作小时小于 40h(0,40),则按原小时工资 0.7 来计算薪水。

若雇员周工作小时等于 40h,则按原小时工资计算薪水。

若雇员周工作小时介于 40~50h(40,50)的,超过 40 的部分按照原小时工资的 1.5 倍来计算薪水。

若雇员周工作小时超过 50h[50,60),则超过 50 的部分按原小时工资的 3 倍来计算薪水。

超出 60h 或小于 0h,提示输入有误,重新输入。

结合黑盒测试方法中等价类划分和边界值方法设计测试案例,并给出测试用例和相应的测试结果。

解答:

本例中依据周工作小时对雇员工资计算问题的输入条件包括周工作小时和每小时的工资数两个部分,但每小时的工资数是固定不变的,即输出结果仅依赖于周工作小时时段,因此在设计测试用例时,可以先对周工作小时时段进行等价类划分,再结合对不同周工作小时时段的边界值分析。

(1) 为周工作小时划分等价类。根据需求说明划分如表 5-12 所示的等价类。

(2) 为有效等价类和无效等价类编写测试用例。

根据周工作小时的等价类划分结果,按照强一般等价规则,为例 5-7 编写如表 5-13 所示的等价类划分测试用例。

表 5-12　周工作小时的等价类划分

输入条件	有效等价类	无效等价类	边 界 值
周工作小时	(1)(0,40)	(5)小于 0	0,40
	(2)[40,50)		40,50
	(3)[50,60)	(6)大于 60	50,60

表 5-13　周工作小时的等价类划分测试用例

用例编号	输入		预 期 输 出	覆盖等价类
	周工作小时	每小时的工资		
1	20	y	$0.7y \times 20$	(1)
2	45	y	$40y + 5 \times 1.5y$	(2)
3	55	y	$40y + 10 \times 1.5y + 5 \times 3y$	(3)
4	-10	y	无效输入	(4)
5	70	y	无效输入	(5)

(3) 为例 5-7 补充边界值分析测试用例。

根据表 5-12 的等价类划分结果,本例中周工作小时的边界值有 0、40、50、60,依据边界值分析规则,为例 5-7 补充 3×4 个边界值分析测试用例,如表 5-14 所示。

表 5-14　周工作小时的边界值分析测试用例

用例编号	输入		预 期 输 出	备 注
	周工作小时	每小时的工资		
1	-1	y	无效输入	0 值的边界
2	0	y	0	0 值的边界
3	1	y	$0.7y \times 1$	0 值的边界
4	39	y	$0.7y \times 39$	40 值的边界
5	40	y	$y \times 40$	40 值的边界
6	41	y	$40y + 1 \times 1.5y$	40 值的边界
7	49	y	$40y + 9 \times 1.5y$	50 值的边界
8	50	y	$40y + 10 \times 1.5y$	50 值的边界
9	51	y	$40y + 10 \times 1.5y + 1 \times 3y$	50 值的边界
10	59	y	$40y + 10 \times 1.5y + 9 \times 3y$	60 值的边界
11	60	y	$40y + 10 \times 1.5y + 10 \times 3y$	60 值的边界
12	61	y	无效输入	60 值的边界

◆ 5.4 因 果 图

前面介绍的等价类划分方法和边界值分析方法,都是着重考虑输入条件,但未考虑输入条件之间的联系、相互组合等。考虑输入条件之间的相互组合,可能会产生一些新的情况。但要检查输入条件的组合不是一件容易的事情,即使把所有输入条件划分成等价类,它们之间的组合情况也相当多。因此必须考虑采用一种适合于描述对于多种条件的组合,相应产生多个动作的形式来考虑设计测试用例,这就需要利用因果图(逻辑模型)。

因果图(Cause-Effect Graphing)方法是一种利用图解法分析输入组合情况的测试方法,它根据输入条件的各种组合及输入条件间的相互制约关系,考虑不同输入条件组合的输出情况,最终生成判定表。

5.4.1 因果图符号

因果图把原因和结果之间复杂的逻辑关系用图示来展现,即因果图使用一些简单的逻辑符号和直线将程序的因(输入)和果(输出)连接起来。在因果图中,一般原因用 c 表示,结果用 e 表示,c 和 e 可以取值 0 或 1,其中,0 表示状态不出现,1 表示状态出现。c 和 e 之间有恒等、非、或、与 4 种关系,如图 5-10 所示,每种关系的具体含义如下。

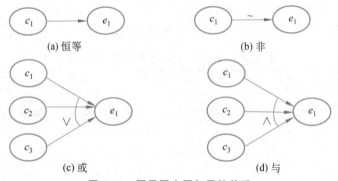

图 5-10 因果图中因与果的关系

(1) 恒等:在恒等关系中,要求程序有 1 个输入和 1 个输出,输出与输入保持一致。若 c 为 1,则 e 也为 1;若 c 为 0,则 e 也为 0。

(2) 非:使用符号～表示,在这种关系中,要求程序有 1 个输入和 1 个输出,输出是输入的取反。若 c 为 1,则 e 为 0;若 c 为 0,则 e 为 1。

(3) 或:使用符号 ∨ 表示,或关系可以有任意个输入,只要这些输入中有一个为 1,则输出为 1,否则输出为 0。

(4) 与:使用符号 ∧ 表示,与关系或一样可以有任意个输入,但只有这些输入全部为 1 时,输出才能为 1,否则输出为 0。

在软件测试中,如果程序有多个输入,那么除了输入与输出之间的作用关系之外,这些输入之间往往也会存在某些依赖关系,某些输入条件本身不能同时出现,某一种输入可能会影响其他输入。例如,某一个软件用于统计体检信息,在输入个人信息时,性别只能输入"男"或"女",这两种输入不能同时存在,而且如果输入性别为"女",那么体检项就会受到限制。

在实际问题中输入状态相互之间、输出状态相互之间存在的依赖关系称为"约束"。为了表示原因与原因之间,结果与结果之间可能存在的约束条件,在因果图中可以附加一些表示约束条件的符号。对于输入条件的约束有 E、I、O、R 四种,对于输出条件的约束只有 M 约束。输入输出约束图形符号如图 5-11 所示。为便于理解,这里设 c_1、c_2 和 c_3 表示不同的输入条件,e_1、e_2 表示不同的输出条件。

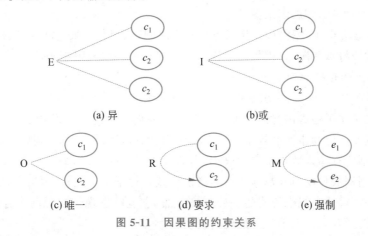

图 5-11　因果图的约束关系

(1) E(排他性约束):各个原因之间不能同时为真,但可以同时为假。表示 c_1、c_2、c_3 中至多有一个可能为 1,即 c_1、c_2、c_3 不能同时为 1。例如,小明同学不可能同时属于 A 班、B 班和 C 班,但可能既不是 A 班的,也不是 B 班和 C 班的,而是 D 班的。

(2) I(包含性约束):各个原因中总有一个为真,即可以同时为真,但不可以同时为假。表示 c_1、c_2、c_3 中至少有一个是 1,即 c_1、c_2、c_3 不能同时为 0。例如,支付宝买家付款时,有个输入条件(既原因)是余额支付、网银支付,买家可以选择单独余额支付或者单独网银支付,也可以同时选择余额支付和网银支付两种方式。但是不可以选择不支付。

(3) O(唯一性约束):有且只有原因 a 和原因 b 中的一个为真。非此即彼,不存在第三种情况。表示 c_1、c_2 中必须有一个且仅有一个为 1。例如,人的性别不是男,就是女,不会存在既不是男也不是女的人。

(4) R(必要性约束):当原因 a 为真时,原因 b 必须同时为真;但是原因 b 为真时,原因 a 既可以为真,也可以为假。表示 c_1 为 1 时,c_2 必须为 1,即不可能 c_1 为 1 时 c_2 为 0。例如,在现有的业务规则下,如果申请了数字证书(原因 a),那么该用户必然通过了支付宝认证(原因 b)。反之,如果用户通过了支付宝认证,那么不一定申请了数字证书(a)。

(5) M(结果强制约束):如果结果 b 为真,那么结果 a 一定为假,如果结果 b 为假,则结果 a 的状态不定。表示如果结果 e_1 为 1,则结果 e_2 强制为 0。例如,还拿支付宝来举例子,先给出两个结果:安全控件运行正常(a),无法输入登录密码(b)。如果无法输入登录密码,那么可以判断是安全控件没有正常运行,反过来,如果可以输入登录密码,则不能确定安全控件一定工作正常,有可能是用了 Firefox 浏览器访问支付宝的。

5.4.2　因果图应用

因果图提供了一个把规格说明转换为判定表的系统化方法。因果图中包含原因(输入条件)、结果(输出)、原因和结果之间的逻辑关系、原因相互之间的约束关系等。其中,原因是表示输入条件,结果是对输入执行的一系列计算后得到的输出。

因果图方法生成测试用例的步骤如下。

(1) 分析软件规格说明描述中,哪些是原因(即输入条件或输入条件的等价类),哪些是结果(即输出),并给每个原因和结果赋予一个标识符。

(2) 分析软件规格说明描述中的语义。找出原因与结果之间,原因与原因之间对应的关系。根据这些关系,画出因果图。

(3) 由于语法或环境限制,有些原因与原因之间,原因与结果之间的组合情况不可能出现。为表明这些特殊情况,在因果图上用一些记号标明约束或限制条件。

(4) 把因果图转换为判定表。

(5) 把判定表的每一列拿出来作为依据,设计测试用例。

因果图法考虑了输入情况的各种组合以及各种输入情况之间的相互制约关系,可以帮助测试人员按照一定的步骤高效率地开发测试用例。从因果图生成的测试用例(局部,组合关系下的)包括所有输入数据的取 TRUE 与取 FALSE 的情况,构成的测试用例数目达到最少,且测试用例数目随输入数据数目的增加而线性地增加。此外,因果图是由自然语言规格说明转换为形式语言规格说明的一种严格方法,它能够发现规格说明中存在的不完整性和二义性,帮助开发人员完善产品的规格说明。

例 5-8-1　文件修改规则的因果图应用。

第 1 列字符必须是 A 或 B,第 2 列字符必须是一个数字,在此情况下进行文件的修改,但如果第 1 列字符不正确,则给出信息 L;如果第 2 列字符不是数字,则给出信息 M。

解答:

(1) 根据说明书分析出原因和结果。

原因:

c_1——第 1 列字符是 A。

c_2——第 1 列字符是 B。

c_3——第 2 列字符是一个数字。

结果:

e_1——给出信息 L。

e_2——修改文件。

e_3——给出信息 M。

(2) 绘制因果图。

根据原因和结果绘制因果图。把原因和结果用逻辑符号连接起来,画出因果图,如图 5-12 所示。原因 c_1 和 c_2 不可能同时为真,但可以同时为假,因此满足排他性约束 E。

例 5-9-1　员工过失惩罚的因果图应用。

某软件的一个模块的需求规格说明书中有下列描述。

年薪制员工:严重过失,扣年终风险金的 4%;过失,扣年终风险金的 2%。

非年薪制员工:严重过失,扣当月薪资的 8%;过失,扣当月薪资的 4%。

解答:

(1) 根据说明书分析出原因和结果。

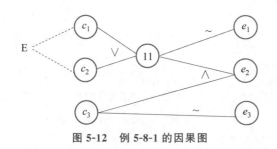

图 5-12　例 5-8-1 的因果图

原因：

c_1——年薪制员工(1 是年薪制,0 是非年薪制)。

c_2——严重过失。

c_3——过失。

结果：

e_1——扣年终风险金的 4%。

e_2——扣年终风险金的 2%。

e_3——扣当月薪资的 8%。

e_4——扣当月薪资的 4%。

(2) 绘制因果图。

根据原因和结果绘制因果图,如图 5-13 所示。原因 c_2 和 c_3 不可能同时为真,但可以同时为假,因此满足排他性约束 E。

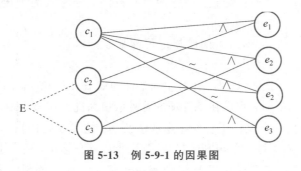

图 5-13　例 5-9-1 的因果图

5.4.3　因果图的优缺点

因果图测试法是用图解表示输入的各种组合关系,依据因果图写出判定表,从而设计相应的测试用例的方法。因果图适合于检查程序输入条件的各种组合情况。

因果图方法的优点如下。

(1) 能够帮助我们按照一定步骤,高效地选择测试用例,设计多个输入条件组合用例。

(2) 因果图分析还能为我们指出软件规格说明描述中存在的问题。

因果图方法的缺点如下。

(1) 输入条件与输出结果的因果关系,有时难以从软件需求规格说明书中得到。

(2) 即使得到了这些因果关系,也会因为因果关系复杂导致因果图非常庞大,测试用例数目极其庞大。

健全的逻辑思考和分析

凡事寻求因果,正确判断,处理
得法。

◇ 5.5 判 定 表

判定表(Decision Table)是分析和表达多逻辑条件下执行不同操作情况的工具,适合于检查程序输入条件的各种组合情况。判定表可以把复杂的逻辑关系和多种条件组合的情况表达得既具体又明确,因此,在程序设计发展的初期,判定表就已被当作编写程序的辅助工具了。

可以根据因果图生成判定表,也可以根据规格说明直接生成判定表。判定表的组成有条件桩、动作桩、条件项、动作项四个部分。

条件桩(Condition Stub):列出了问题的所有条件。通常认为列出的条件的次序无关紧要。

动作桩(Action Stub):列出了问题规定可能采取的操作。这些操作的排列顺序没有约束。

条件项(Condition Entry):列出针对左列条件的取值,即在所有可能情况下的真假值。

动作项(Action Entry):列出在条件项的各种取值情况下应该采取的动作。

判定表规则:任何一个条件组合的特定取值及其相应要执行的操作。在判定表中贯穿条件项和动作项的一列就是一条规则。显然,判定表中列出多少组条件取值,也就有多少条规则,即条件项和动作项有多少列。图 5-14 是关于奖学金评定的判定表示例,符号"—"表示与取值无关。

勤思敏学 5-2:根据图 5-14 中内容描述奖学金评定问题,并画出相应的因果图。

5.5.1 判定表的建立步骤和示例

判定表

根据问题的规格说明建立判定表的步骤如下。

(1)分析问题,列出所有的条件桩和动作桩。

(2)确定规则的个数。假如有 n 个条件,每个条件有两个取值(0,1),将有 2^n 种规则。

(3)根据条件桩、动作桩、规则的项数,新建合适大小的表格,填入条件项。

(4)填入动作项,得到初始判定表。

(5)简化,合并相似规则(相同动作)。有两个或者多条规则具有相同的动作,并且条件项之间存在极为相似的关系就可以进行合并。

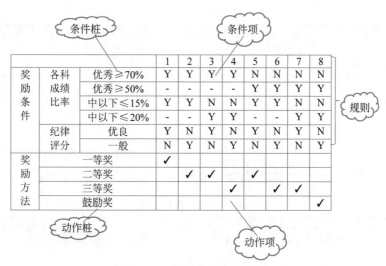

图 5-14 典型的判定表示例

图 5-14 中的判定表能不能进一步简化呢？虽然第 2 列、第 3 列和第 5 列动作项相同，但是它们对应的条件项却有明显差别，不能合并；同理，第 4 列、第 6 列和第 7 列也不能合并。

前面因果图方法示例中为问题描述画出的因果图也要转换成判定表，再根据转换的判定表编写测试用例。

例 5-8-2　文件修改规则的判定表测试。

例 5-8-1 中根据文件修改规则的描述画出了该问题的因果图。学习了判定表之后，很容易根据因果图得到该问题的判定表。

解答：

第一步：分析问题，列出所有的条件桩和动作桩。根据图 5-12，可以得到该问题的条件桩为 c_1、c_2、c_3 和中间结点 11，动作桩为 e_1、e_2、e_3。

第二步：确定规则的个数。本例中有 3 个条件，每个条件有两个取值(0,1)，将有 $2^3 = 8$ 种规则。

第三步：根据条件桩、动作桩、规则的项数，新建合适大小的表格，填入条件项。本例中条件桩有 3 项、动作桩有 4 项，规则 8 项，因此，新建表格主体应包括 7 行 8 列。再加上 2 行 2 列的表格说明和用例，本例需建立 9 行 10 列的判定表格，填入条件项后如表 5-15 所示。

表 5-15　例 5-8-2 填入条件项的判定表

		1	2	3	4	5	6	7	8
输入条件	c_1	1	1	1	1	0	0	0	0
	c_2	1	1	0	0	1	1	0	0
	c_3	1	0	0	1	1	0	1	0
	11			1	1	1	0	0	0

		1	2	3	4	5	6	7	8
输出结果	e_1								
	e_2								
	e_3								
测试用例									

第四步:填入动作项和测试用例,得到如表 5-16 所示的初始判定表。

表 5-16 例 5-8-2 的初始判定表

		1	2	3	4	5	6	7	8
输入条件	c_1	1	1	1	1	0	0	0	0
	c_2	1	1	0	0	1	1	0	0
	c_3	1	0	0	1	1	0	1	0
	11			1	1	1	1	0	0
输出结果	e_1							√	√
	e_2			√	√				
	e_3			√			√		√
测试用例				A?	A6	B7	Bb	C6	cc

第五步:简化,合并相似规则(相同动作)。

判定表 5-16 能不能进一步简化呢?可以看出,同样动作项对应的条件项都有明显差别,因此不能合并和简化。

勤思敏学 5-3:表 5-15 和表 5-16 中的阴影单元格和其他单元格有什么区别?

例 5-9-2 员工过失惩罚的判定表测试。

解答:

例 5-9-1 中根据员工过失惩罚规则的描述画出了该问题的因果图。学习了判定表之后,很容易根据因果图得到该问题的判定表。

第一步:分析问题,列出所有的条件桩和动作桩。根据图 5-13,可以得到该问题的条件桩为 c_1、c_2、c_3,动作桩为 e_1、e_2、e_3、e_4。

第二步:确定规则的个数。本例中有 3 个条件,每个条件有两个取值(0,1),将有 $2^3 = 8$ 种规则。

第三步:根据条件桩、动作桩、规则的项数,新建合适大小的表格,填入条件项。本例中条件桩有 4 项,动作桩有 3 项,规则 8 项,因此,新建表格主体应包括 7 行 8 列。再加上 1 行 2 列的表格说明,本例需建立 8 行 10 列的判定表格,填入条件项后如表 5-17 所示。

第四步:填入动作项和测试用例,得到如表 5-18 所示的初始判定表。

表 5-17　例 5-9-2 填入条件项的判定表

		1	2	3	4	5	6	7	8
输入条件	c_1	1	0	1	1	0	0	1	0
	c_2	1	1	1	0	1	0	0	0
	c_3	1	1	0	1	0	1	0	0
输出结果	e_1								
	e_2								
	e_3								
	e_4								

表 5-18　例 5-9-2 的初始判定表

		1	2	3	4	5	6	7	8
输入条件	c_1	1	0	1	1	0	0	1	0
	c_2	1	1	1	0	1	0	0	0
	c_3	1	1	0	1	0	1	0	0
输出结果	e_1			√		1	1	0	0
	e_2				√				
	e_3				√				
	e_4						√		

第五步：简化,合并相似规则(相同动作)。

判定表 5-18 能不能进一步简化呢？可以看出,同样动作项的第 7 列和第 8 列对应的条件项只有 c_1 不同,因此可以合并和简化,合并和简化后的判定表如表 5-19 所示。

表 5-19　例 5-9-2 简化后的判定表

		1	2	3	4	5	6	7
输入条件	c_1	1	0	1	1	0	0	—
	c_2	1	1	1	0	1	0	0
	c_3	1	1	0	1	0	1	0
输出结果	e_1			√.		1	1	
	e_2				√			
	e_3					√		
	e_4						√	

勤思敏学 5-4：表 5-19 中的第 7 列输出结果是什么？

第六步：编写测试用例,如表 5-20 所示。

表 5-20 例 5-9-2 的测试用例表

测试用例标识	输入	预期输出
1YS 严重	年薪制员工,严重过失	扣年终风险金的 4%
2YS 过失	年薪制员工,过失	扣年终风险金的 2%
3NYS 严重	非年薪制员工,严重过失	扣当月薪资的 8%
4NYS 过失	非年薪制员工,过失	扣当月薪资的 4%
5 无过失	非年薪制员工,无过失	不扣

勤思敏学 5-5:如果根据表 5-18 编写测试用例,结果将会和表 5-20 有何不同?

例 5-2-3 NextDate 函数的判定表测试。

解答:

NextDate 函数包括三个整数值输入变量 month、day 和 year,并且满足下列条件:$1 \leqslant month \leqslant 12$,$1 \leqslant day \leqslant 31$,$1920 \leqslant year \leqslant 2050$。例 5-2-1 中对 NextDate 函数的三个输入变量 month、day 和 year 分别进行了如下等价类划分。

变量 month:M1={month:month 有 30 天}、M2={month:month 有 31 天,除去 12 月}、M3={month:month 是 2 月}、M4={month:month 是 12 月}。

变量 day:D1={day:$1 \leqslant day \leqslant 28$}、D2={day:day=29}、D3={day:day=30}、D4={day:day=31}。

变量 year:Y1={year:year 是闰年}、Y2={year:year 是平年}。

例 5-2-1 中讨论了这种等价类划分的不足:没有考虑到闰年和平年 2 月份日期的不同造成的处理差别,因此,本例中,修改变量 day 的等价类划分如下。

变量 day:D1={day:$1 \leqslant day \leqslant 27$}、D2={day:day=28}、D3={day:day=29}、D4={day:day=30}、D5={day:day=31}。

NextDate 函数的三个输入变量 month、day 和 year 与输出结果的逻辑关系明确,按照判定表的构建步骤,可以为 NextDate 函数直接建立如表 5-21 所示的判定表。

表 5-21 NextDate 函数的判定表

		1	2	3	4	5	6	7	8	9	10	11	12	13	14	15	16	17	18
条件	month	M1	M1	M1	M1	M2	M2	M2	M2	M2	M3	M3	M3	M3	M4	M4	M4	M4	M4
	day	D1	D2	D3	D4	D1	D2	D3	D4	D5	D1	D2	D2	D3	D1	D2	D3	D4	D5
	year	—	—	—	—	—	—	—	—	—	—	Y1	Y2	Y1	—	—	—	—	—
结果	day=1				√					√			√	√					√
	month=1																		√
	day+1	√	√	√		√	√	√	√		√	√			√	√	√	√	
	month+1				√					√			√	√					
	year+1																		√

第一步:分析问题,列出所有的条件桩和动作桩。根据说明,可以得到该问题的条件桩

为 month、day 和 year。

动作桩为 NextDate 函数可能的输出处理。本例中,对输入日期的处理有三种情况:如果输入日期不是月末,输出为 day＋1;如果输入日期是月末,输出为 day＝1 和 month＋1;如果输入日期是年末,输出为 day＝1、month＝1、day＋1 和 year＋1。因此,本例中的动作桩为 day＝1、month＝1、day＋1、month＋1、year＋1。

第二步:确定规则的个数。本例中有 3 个条件,根据等价类划分结果,day 有 5 种取值,month 有 4 种取值,year 有 2 个取值,因此,将有 4×5×2＝40 种规则。值得注意的是,这些条件之间的特殊关系会极大地减少规则数,例如,NextDate 函数仅对 2 月份做闰年和平年的区别处理,对除 2 月份以外的其他月份不做闰年和平年的区别处理,这就减少了近一半的规则。

第三步:根据条件桩、动作桩、规则的项数,新建合适大小的表格,填入条件项和动作项。本例中根据条件之间有约束关系,建立的判定表如表 5-21 所示。

第四步:简化,合并相似规则(相同动作)。表 5-21 合并简化后,得到新的判定表如表 5-22 所示。

表 5-22　简化后的 NextDate 函数判定表

		1	4	5	9	10	11	12	13	14	18
条件	month	M1	M1	M2	M2	M3	M3	M3	M3	M4	M4
	day	D1－D3	D4	D1－D4	D5	D1	D2	D2	D3	D1－D4	D5
	year	－	－	－	－	－	Y1	Y2	Y1	－	
结果	day＝1		√		√			√	√		√
	month＝1										√
	day＋1	√		√		√	√			√	
	month＋1		√		√			√	√		
	year＋1										√

第五步:编写测试用例,如表 5-23 所示。

表 5-23　NextDate 函数测试用例

用例编号	输入			预期输出	覆盖有效等价类
	year	month	day		
1	1999	4	15	1999-4-16	Y1 M1 D1
2	1999	4	29	1999-4-30	Y1 M1 D2
3	1999	4	30	1999-5-1	Y1 M1 D3
4	1999	4	31	无效	Y1 M1 D4
5	1999	1	15	1999-1-16	Y1 M2 D1
8	1999	1	31	1999-2-1	Y1 M2 D4
9	1999	2	15	1999-2-16	Y1 M3 D1

续表

用例编号	输　入			预期输出	覆盖有效等价类
	year	month	day		
10	1999	2	29	无效	Y1 M3 D2
11	1999	2	30	无效	Y1 M3 D3
12	1999	2	31	无效	Y1 M3 D4
13	1999	12	15	1999-12-16	Y1 M4 D1
16	1999	12	31	2000-1-1	Y1 M4 D4
17	2000	4	15	2000-4-16	Y2 M1 D1
19	2000	4	30	2000-5-1	Y2 M1 D3
20	2000	4	31	无效	Y2 M1 D4
21	2000	1	15	2000-1-16	Y2 M2 D1
24	2000	1	31	2000-2-1	Y2 M2 D4
25	2000	2	15	2000-2-16	Y2 M3 D1
26	2000	2	29	2000-3-1	Y2 M3 D2
27	2000	2	30	无效	Y2 M3 D3
28	2000	2	31	无效	Y2 M3 D4
29	2000	12	15	2000-12-16	Y2 M4 D1
32	2000	12	31	2001-1-1	Y2 M4 D4
33	1999	2	28	1999-3-1	Y1 M1 D1
34	2000	2	28	2000-2-29	Y2 M1 D1

勤思敏学 5-6：表 5-23 和表 5-5 有什么区别？

因果图与
判定表

5.5.2　因果图与判定表

因果图通常和判定表结合在一起使用。因果图是一种辅助工具，它适用于检查程序输入条件的各种组合情况，通过分析软件规格说明描述中的因果关系(输入与输出的因果关系)找出原因与结果、原因与原因之间的对应关系。在因果图上标记约束或限制条件，方便把因果图转换为判定表，判定表中的每一列对应一个测试用例。

例 5-10　支付宝认证的因果图与判定表应用。

支付宝个人认证中，分为两部分：个人身份认证和银行卡认证。这两者都通过后，认为个人认证成功。其中，个人身份认证需要提交个人基本信息及身份证复印件；银行卡认证分为提现认证和充值认证。

提现认证的流程是：用户提交正确的银行账号→支付宝给用户的银行卡中随机打款→用户确认金额，认证成功。

充值认证的流程是：用户提交正确的银行账号→充值→充值完成→网银反馈，认证成功。

解答:

从上面的描述中,可以总结出两大原因和一个结果。原因一为"身份认证成功",原因二为"银行卡认证成功",结果为"支付宝认证成功"。其中,"身份认证成功"是一个中间结果,它由"提交基本信息成功"和"提交身份证成功"两个子原因组成;"银行卡认证成功"也是一个中间结果,它由"充值认证成功"和"提现认证成功"两个子原因组成。分析提现认证流程和充值认证流程,可以分别得到"充值认证成功"和"提现认证成功"两个子原因的产生原因。

注意:为了简便起见,假设个人信息提交和身份证件提交成功后,身份认证则成功,忽略人工审核过程。

(1) 根据说明书分析出原因和结果。

原因:

c_1——身份认证成功。

c_{11}——提交基本信息成功。

c_{12}——提交身份证成功。

c_2——银行卡认证成功。

c_{21}——提现认证成功。

c_{211}——用户提交正确的提现银行账号。

c_{212}——支付宝打款成功。

c_{213}——用户确认。

c_{22}——充值认证成功。

c_{221}——用户提交正确的充值银行账号。

c_{222}——充值完成。

c_{223}——网银反馈成功。

结果:

e_1——支付宝认证成功。

(2) 绘制因果图。

根据原因和结果绘制因果图,如图 5-15 所示。需要注意的是,原因 c_{211} 和 c_{212}、c_{212} 和 c_{213}、c_{221} 和 c_{222}、c_{222} 和 c_{223} 存在必要性约束。

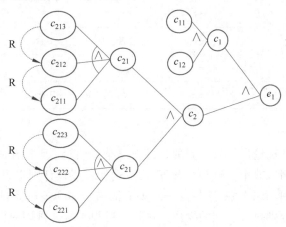

图 5-15　例 5-10 的因果图

（3）因果图转换为判定表。

根据如图 5-15 所示的因果图生成例 5-4 的判定表，如表 5-24 所示。

表 5-24　例 5-10 的判定表

				1	2	3	4	5	6	7
条件	c_2	c_{21}	c_{211}	1	0	1	1	—	—	—
			c_{212}	1	0	0	1	—	—	—
			c_{213}	1	0	0	0	—	—	—
		c_{22}	c_{221}	1	—	—	—	0	1	1
			c_{222}	1	—	—	—	0	0	1
			c_{223}	1	—	—	—	0	0	0
	c_1	c_{11}		1						
		c_{12}		1						
结果		e_1		√						
	支付宝认证失败				√	√	√	√	√	√

（4）编写测试用例，如表 5-25 所示。

表 5-25　例 5-10 的测试用例

用例编号	输　入						预期输出
	正确的提现账号	打款成功	用户确认	正确的充值账号	充值完成	反馈成功	
1	是	是	是	是	是	是	成功
2	否	否	否	—	—	—	失败
3	是	否	否	—	—	—	失败
4	是	是	否	—	—	—	失败
5	—	—	—	否	否	否	失败
6	—	—	—	是	否	否	失败
7	—	—	—	是	是	否	失败

知识拓展

有时候，输入条件和输出结果之间的关系很复杂，不仅画因果图非常麻烦，庞大的因果图可读性也差，影响测试效率。这种情况下，可以选择直接设计判定表，进而编写测试用例。例如，在一些数据处理问题当中，某些操作的实施依赖于多个逻辑条件的组合，即针对不同逻辑条件的组合值，分别执行不同的操作。这类问题很不容易画因果图，或者画出的因果图很复杂难以转换为判定表，则直接写判定表很适合于处理这类问题。判定表能把复杂的问题按各种可能的情况一一列举出来,简明而易于理解,也可避免遗漏。因此,如果问题的输入和输出逻辑关系比较明确,可直接写判定表;如果问题的输入和输出逻辑关系不是很明了,可先画因果图再转换为判定表。

　　判定表的局限性是不能表达重复执行的动作,例如循环结构。另外,简化合并判定表存在漏测的风险。一个显而易见的原因是,虽然某个输入条件在输出接口上是无关的,但是在软件设计上,内部针对这个条件走了不同的程序分支(因分析内部业务流程而定)。例如,表 5-18 的判定表简化为表 5-19 后,"无过失"情况只需要写一个测试用例就覆盖了判定表,然而,如果程序中对于"非年薪制员工"和"年薪制员工"的处理采用了不同的代码分支,则将会漏测一个代码分支。

　　(1) 判定表法的优点。

　　① 能把所有条件组合充分地表达出来,并且最为严格、最具有逻辑性。

　　② 化繁为简,能够精简、准确地输出测试用例数据。

　　③ 条件组合明确,因此也不容易遗漏。

　　(2) 判定表法的缺点。

　　① 判定表不能表达重复执行的动作(循环结构体)。

　　② 判定表的建立过程较复杂,表达式烦琐。

　　③ 有多个条件时就会有多个翻倍的规则数。

　　(3) 适合使用判定表设计测试用例的条件。

　　① 规格说明以判定表形式给出,或很容易转换成判定表。

　　② 条件的排列顺序不会也不影响执行哪些操作。

　　③ 规则的排列顺序不会也不影响执行哪些操作。

　　④ 每当某一规则的条件已经满足,并确定要执行的操作后,不必检验别的规则。

　　⑤ 如果某一规则得到满足要执行多个操作,这些操作的执行顺序无关紧要。

◆ 5.6　场　景　法

　　软件几乎都是用事件触发来控制流程的,事件触发的情景便形成了场景。例如,申请一个项目,需先提交审批单据,再由部门经理审批,审核通过后由总经理来最终审批通过;如果部门经理审核不通过,就直接退回。这样,同是"部门经理审批"事件,不同的处理结果就形成不同的事件流。有时候,同一事件不同的触发顺序也会形成不同的事件流。

　　这种在软件设计方面的思想也可以引入到软件测试中,可以比较生动地描绘出事件触发时的情景,有利于测试设计者设计测试用例,同时使测试用例更容易理解和执行。

　　1. 场景法应用场合

　　等价类划分、边界值分析、判定表等用例设计方法适合测试软件的单点功能,而场景法适合测试涉及业务流程的软件系统。这类软件通常界面简单,没有太多填写项,主要通过鼠标的单击、双击、拖曳等完成功能操作。终端用户期望软件能够实现业务需求,而不是简单的功能组合。

　　场景法适用于解决业务流程清晰和业务比较复杂的系统或功能,是一种基于软件业务的测试方法,目的是用业务流把各个孤立的功能点串起来,为测试人员建立整体业务感觉,从而避免陷入功能细节忽视业务流程要点的错误倾向。例如，语音通话典型业务流程就是把语音通话、同振顺振、语音留言、呼叫保持、呼叫转移这些功能都串到一起。

场景法主要用来测试软件的业务逻辑和业务流程。当面对一个测试任务时，我们并不是先关注某个控件的细节测试（等价类+边界值+判定表等），而是要先关注主要业务流程和主要功能是否正确实现，这就需要使用场景法。当业务流程和主要功能没有问题，再从等价类、边界值、判定表等方面对控件细节进行测试（先整体后细节）。

2. 场景法的核心思想

场景法的核心思想是：测试人员把自己当作最终的用户，期望软件能够正确实现业务需求，通过设想用户在使用该软件的时候可能会遇到的场景设计测试用例。场景法的应用是基于对软件业务（需求）的深入理解（业务层面），主要目的是测试软件的主要业务流程、主要功能的正确性和主要的异常处理能力。

1）场景业务流组成

测试人员通过设想用户在使用该软件的时候可能会遇到的两类场景设计测试用例，一类是用户操作流程正确的场景，一类是用户操作流程错误的场景，分别称为基本流和备选流。

基本流：模拟用户正确的业务操作流程，目的是验证软件的业务流程和主要功能。

备选流：模拟用户错误的业务操作流程，目的是验证软件的错误处理能力。

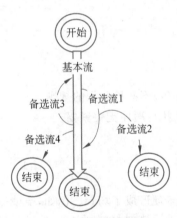

图 5-16　基本流和备选流

场景法的核心思想如图 5-16 所示，图中经过用例的每条路径都用基本流和备选流来表示，直黑线表示基本流，是经过用例的最简单的路径，即无任何差错，程序从开始直接执行到结束的流程。通常，一个业务仅存在一个基本流，且基本流仅有一个起点和一个终点。备选流表示通过业务流程时输入错误（或者操作错误）导致流程存在反复，但是经过纠正后仍能达到目标的流程。备选流是除了基本流之外的各支流，包含多种不同情况，例如，一个备选流可始于基本流，于某个特定条件下执行，然后重新加入基本流中（如备选流 1 和 3）；也可始于另一备选流（如备选流 2）；也可终止用例而不再加入到基本流中（如备选流 2 和 4）。

2）基本流和备选流的识别原则

基本流是主流，备选流是支流。基本流只有一个起点，一个终点；备选流可以始于基本流，也可以始于其他备选流；备选流的终点，可以是一个流程的出口，也可以是回到基本流，还可以是汇入其他的备选流；备选流汇合时，根据备选流量大小，也即该备选流出现的可能性大小，由流量小的备选流汇入流量大的备选流；如果在流程图中出现了两个不相上下的基本流，一般需要把它们分别当作一个业务看待。

3）场景组合

依据图 5-16 可以组合多个不同场景，这些场景包含不同的事件流。组合的场景应该覆盖每个备选流，每个场景对应一个测试用例。根据场景设计用例，并对每个用例进行评审，删掉重复的用例。

场景 1：基本流。

场景 2：基本流、备选流 1。

场景 3：基本流、备选流 1、备选流 2。

场景 4：基本流、备选流 3。

场景 5：基本流、备选流 3、备选流 1。

场景 6：基本流、备选流 3、备选流 1、备选流 2。

场景 7：基本流、备选流 4。

场景 8：基本流、备选流 3、备选流 4。

3. 场景法测试用例设计步骤

场景法的核心就是"场景"二字，设计测试用例时最重要的就是要找出场景，场景找出来了，测试用例设计也就水到渠成。

场景法测试用例设计步骤如下。

（1）分析需求，确定业务流程（基本流、备选流）。

（2）依据基本流、备选流，生成不同的场景。

（3）针对生成的每一个场景，设计相应的测试用例。

（4）对设计的测试用例进行复审，删除重复用例。

（5）对复审确定后的每一个测试用例确定测试值。

场景法测试用例设计的重点是测试业务流程是否正确，测试时需要注意的是，业务流程测试没有问题并不代表系统的功能都正确，还必须对单个功能采用等价类划分、边界值分析、错误推断法、判定表等方法进行详细的测试，这样才能保证测试的充分性。

4. 场景法测试用例设计示例

例 5-11　在线购物的场景法测试应用。

用户在当当网订购书籍，整个订购过程为：用户登录网站后，进行书籍的选择，当选好自己心仪的书籍后进行购买，这时把所需图书放进购物车，进行支付并生成订单，整个购物过程结束。试用场景法为该规格说明设计测试用例。

解答：

（1）用户根据说明，描述出程序的基本流及各项备选流，如图 5-17 所示。

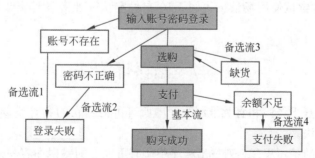

图 5-17　例 5-11 的基本流和备选流

（2）根据基本流和备选流确定场景。依据图 5-17 可以为在线购物业务组合多个不同场景，这些场景包含不同的事件流，具体如表 5-26 所示。

表 5-26　例 5-11 的场景

场 景 编 号	场 景 组 成		场 景 事 件 流
场景 1-购物成功	基本流		用户登录网站,选择所需书籍到购物车,支付货款,购买成功
场景 2-账号不存在	基本流	备选流 1	用户账号不存在
场景 3-密码不正确	基本流	备选流 2	用户登录时密码不正确
场景 4-缺货	基本流	备选流 3	用户选择的书籍缺货
场景 5-支付失败	基本流	备选流 4	用户支付货款失败

(3) 设计测试用例。

为每一个场景设计一个测试用例,生成场景法测试用例表。表中包括测试用例 ID、条件(或说明)、测试用例中涉及的所有数据元素(作为输入或已经存在于数据库中)以及预期结果,如表 5-27 所示,假如存在一个合法账号,用户名为 abc,密码为 123,账户余额为 80。

表 5-27　例 5-11 的测试用例

编号	场景	账号	密码	操　作	预 期 结 果
1	购物成功	abc	123	登录系统,选购有库存、价值为 50 的货物	购买成功
2	账号不存在	aaa	n/a	登录系统	登录失败
3	密码不正确	abc	345	登录系统	登录失败
4	缺货	abc	123	登录系统,选购无库存、价值为 50 的货物	提示货物无库存,需重新选购
5	支付失败	abc	123	登录系统,选购有库存、价值为 90 的货物	提示余额不足,购买失败

表 5-27 中使用的“n/a”(不适用)表明这个条件不适用于该测试用例。表 5-27 中测试用例只是在线购物的一部分测试用例。可以再进行补充和扩展其他测试用例,达到比较好的覆盖。

勤思敏学 5-7:尝试使用场景法为例 5-10 支付宝认证业务设计测试用例,并比较结果之间的区别。

错误推测法

◇ 5.7　错误推测法

错误推测法是基于经验和直觉推测程序中所有可能存在的各种错误,从而有针对性地设计测试用例的方法。

错误推测方法的基本思想:列举出程序中所有可能有的错误和容易发生错误的特殊情况,根据它们选择测试用例。例如,在单元测试时列出曾在许多模块中常见的错误、以前产品测试中曾经发现的错误等;在功能测试时设计输入数据和输出数据为 0 的情况、输入表格为空格或输入表格只有一行的情况,这些都是容易发生错误的情况,可选择这些情况下的例子作为测试用例。

错误推测方法的要素有三点：经验、知识、直觉。使用错误推测方法很简单：

（1）列举出程序中所有可能有的错误和容易发生错误的特殊情况。

（2）根据它们选择测试用例。

经验是错误推测法的一个重要要素，带有主观性，这就决定了错误猜测法的优缺点。

错误推测方法的优点如下。

（1）充分发挥人的直觉和经验。

（2）集思广益。

（3）方便使用。

（4）快速容易切入。

错误推测方法的缺点如下。

（1）难以知道测试的覆盖率。

（2）可能丢失大量未知的区域。

（3）带有主观性且难以复制。

◆ 5.8　黑盒测试的综合应用

没有哪一种测试用例的设计方法是单独使用的。在实际工作中，通常一个程序功能点需要 2～4 种测试方法综合测试才能完成。如果软件中有因为某种操作才会导致一定结果，则考虑使用因果图方法设计测试用例；如果软件中有文本框，则考虑使用等价类、边界值方法设计测试用例。

例 5-12　根据创新学分输出创新成绩。

为了鼓励广大学生积极参加课外实践和科技活动，某高校针对不同的学科竞赛类型和获奖情况认定创新学分，并根据规则给出创新成绩。创新成绩认定规则如下。

（1）单项创新学分大于或等于 5 分，或者创新学分总分大于或等于 7 分则创新成绩为优秀。

（2）单项创新学分大于或等于 4 分，或者创新学分总分大于或等于 6 分则创新成绩为良好。

（3）单项创新学分大于或等于 3 分且总分大于或等于 4 分，或者创新学分总分大于或等于 5 分则创新成绩为中等。

（4）单项创新学分小于 3 分且创新学分总分大于或等于 4 分则创新成绩为及格。

（5）创新学分总分小于 4 分则创新成绩为不及格。

创新学分认定规则如表 5-28 所示。

解答：

分析说明书，选择合适的黑盒测试方法。

本例说明书主要有两部分内容：根据竞赛获奖情况认定创新学分，根据创新学分认定创新成绩。

首先，竞赛获奖分为多种情况，每种情况都有一个唯一的创新学分认定结果，这部分内容逻辑简单，在程序设计中大多以下拉文本框体现，考虑使用等价类方法设计测试用例。

表 5-28 创新学分认定规则

类型	项 目	认定内容	学分	认证材料	备 注
学科竞赛类	电子设计竞赛、数学建模竞赛、机械创新设计竞赛、英语竞赛、广告艺术大赛、工业设计大赛、挑战杯等	国家级一等奖	6	主办部门颁发的获奖证书或文件	其他竞赛视组织单位和参赛范围进行认定。教指委和学会(研究会)组织的竞赛视级别参照国家级或省级认定,学分按降一获奖等级认定
		国家级二等奖	5		
		国家级三等奖	4		
		国家级鼓励奖	3		
		省级一等奖	3		
		省级二等奖	2		
		省级三等奖	1.5		
		省级鼓励奖等	1		
		校级奖一等奖	1		

其次,由于每位同学的竞赛获奖情况都可能不同,竞赛获奖认定创新学分结果也多种多样,而根据创新学分结果认定创新成绩的规则虽然复杂但逻辑关系清晰明确,考虑使用因果图方法设计测试用例。另外,创新成绩认定的规则中有明显的边界信息,考虑进一步结合边界值方法设计测试用例。

最后,使用相应的测试方法对每部分内容进行单独的测试用例设计分析。

因此,本例说明书中,创新学分认定部分应用等价类方法设计测试用例;创新成绩认定部分应用因果图、边界值方法设计测试用例。

(1) 为创新学分认定规则划分等价类。此例中,可以把创新学分认定输入数据看作由奖项级别和奖项类别两个部分组成。根据规则说明划分如表 5-29 所示的等价类。

表 5-29 创新学分认定规则的等价类划分

输 入 条 件	有效等价类	无效等价类
国家级奖项	(1) 一等奖	(10) 校级一等奖以下奖项
	(2) 二等奖	
	(3) 三等奖	
	(4) 鼓励奖	
省级奖项	(5) 一等奖	
	(6) 二等奖	
	(7) 三等奖	
	(8) 鼓励奖	
校级奖项	(9) 一等奖	

(2) 为创新学分认定规则的有效等价类和无效等价类编写测试用例。

本例中只有一个奖项变量,等价类测试用例数量为有效等价类和无效等价类数量之和,即 $9+1=10$。

勤思敏学 5-8：如果要求为表 5-30 补充一些测试用例，你准备补充什么样的测试用例？

表 5-30　创新学分认定规则的测试用例

用例编号	输　　入	预期输出	覆盖有效等价类
1 国一	数学建模竞赛国一	6	(1)
2 国二	电子设计竞赛国二	5	(2)
3 国三	数学建模竞赛国三	4	(3)
4 国鼓励	电子设计竞赛国鼓励	3	(4)
5 省一	数学建模竞赛省一	3	(5)
6 省二	电子设计竞赛省二	2	(6)
7 省三	数学建模竞赛省三	1.5	(7)
8 省鼓励	电子设计竞赛省鼓励	1	(8)
9 校一	数学建模竞赛校一	1	(9)
10 校一以下	电子设计竞赛校二	无效	(10)

（3）为创新成绩认定规则画出因果图。

首先，根据创新成绩认定规则分析出原因和结果。此例中，可以把创新成绩认定输入数据看作是由单项学分 X 和总学分 S 两个变量组成，根据说明，可以得出以下的原因和结果项。

原因：

X_1——$X \geqslant 5$；　　　X_2——$X = 4$；　　　X_3——$X = 3$；

S_1——$S \geqslant 7$；　　　S_2——$S = 6$；　　　S_3——$S = 5$；

S_4——$S = 4$；　　　S_5——$S < 4$。

中间结点 11：$X > 3$

中间结点 22：$S \geqslant 5$

结果：

e_1——成绩为优秀。

e_2——成绩为良好。

e_3——成绩为中等。

e_4——成绩为及格。

e_5——成绩为不及格。

其次，根据原因和结果绘制因果图。把原因和结果用逻辑符号连接起来，画出因果图，如图 5-18 所示。

（4）根据因果图得到判定表。

接下来，分析问题，列出所有的条件桩和动作桩，并确定规则的个数。根据因果图 5-18，可以得到该问题的条件桩为 X_1、X_2、X_3、S_1、S_2、S_3、S_4、S_5，动作桩为 e_1、e_2、e_3、e_4、e_5；本例中的条件由单项学分 X 和总学分 S 组成，8 个条件，每个条件有两个取值（0，1），将有 $2^8 = 64$ 种规则。然而进一步分析会发现，X_1、X_2、X_3 三者之间和 S_1、S_2、S_3、S_4、S_5 五者之间有

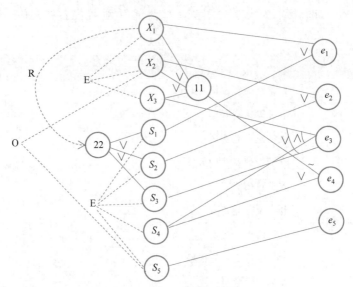

图 5-18 例 5-12 的因果图

唯一性约束;X_1 和中间结点 22 之间存在必要性约束、X_2 和 S_5 之间存在唯一性约束,因此,实际规则的个数将大大减少。

接着,根据条件桩、动作桩、规则及条件桩和动作桩间的约束,新建合适大小的表格,填入条件项和结果项,得到最终的判定表如表 5-31 所示。

表 5-31 创新成绩认定规则的判定表

		1	2	3	4	5	6	7	8	9	10	11	12	13	14	15	16	17
	X_1	1	1	1	0	0	0	0	0	0	0	0	0	0	0	0	0	0
	X_2	0	0	0	1	1	1	1	0	0	0	0	0	0	0	0	0	0
	X_3	0	0	0	0	0	0	0	1	1	1	1	0	0	0	0	0	0
输入条件	S_1	1	0	0	1	0	0	0	1	0	0	0	0	1	0	0	0	0
	S_2	0	1	0	0	1	0	0	0	1	0	0	0	0	1	0	0	0
	S_3	0	0	1	0	0	1	0	0	0	1	0	0	0	0	1	0	0
	S_4	0	0	0	0	0	0	1	0	0	0	1	0	0	0	0	1	0
	S_5	0	0	0	0	0	0	0	0	0	0	0	1	0	0	0	0	1
	e_1	✓	✓	✓	✓			✓			1	1	0	✓				
	e_2					✓	✓	✓		✓					✓			
输出结果	e_3										✓	✓				✓		
	e_4																✓	
	e_5												✓					✓

(5)编写测试用例。

最后,根据创新学分认定部分和创新成绩认定部分的测试用例设计分析结果,形成较为完善的测试思路,编写测试用例,结果如表 5-32 所示。

表 5-32　例 5-12 的测试用例

用例编号	输　　入	创新学分结果	预期输出	覆盖有效等价类
1 国一优加	数学建模竞赛国一 数学建模竞赛校一	单项最高分 6 分 总分 7 分	优秀	(1)(9)
2 国二优加	电子设计竞赛国二 电子设计竞赛省鼓励	单项最高分 5 分 总分 6 分	优秀	(2)(8)
3 国二优	数学建模竞赛国二	单项最高分 5 分 总分 5 分	优秀	(2)
4 国三优	数学建模竞赛国三 数学建模竞赛省一	单项最高分 4 分 总分 7 分	优秀	(3)(5)
5 国三良	电子设计竞赛国三 电子设计竞赛省二	单项最高分 4 分 总分 6 分	良好	(3)(6)
6 国三良	数学建模竞赛国三 数学建模竞赛省三	单项最高分 4 分 总分 5.5 分	良好	(3)(7)
7 国三良	电子设计竞赛国三	单项最高分 4 分 总分 4 分	良好	(3)
8 国鼓励优	数学建模竞赛国鼓励 数学建模竞赛省一 数学建模竞赛校一	单项最高分 3 分 总分 7 分	优秀	(4)(5)(9)
9 省一良	电子设计竞赛省一 数学建模竞赛省一	单项最高分 3 分 总分 6 分	良好	(5)
10 省一中	电子设计竞赛省一 电子设计竞赛省二	单项最高分 3 分 总分 5 分	中等	(5)(6)
11 省一中	数学建模竞赛省一 数学建模竞赛校一	单项最高分 3 分 总分 4 分	中等	(5)(9)
12 国鼓励	电子设计竞赛国鼓励	单项最高分 3 分 总分 3 分	不及格	(4)
13 省二优	数学建模竞赛省二 电子设计竞赛省二 数学建模竞赛省三 电子设计竞赛省三	单项最高分 2 分 总分 7 分	优秀	(6)(7)
14 省二良	数学建模竞赛省二 电子设计竞赛省二 英语竞赛省二	单项最高分 2 分 总分 6 分	良好	(6)
15 省二中	数学建模竞赛省二 电子设计竞赛省二 英语竞赛省三	单项最高分 2 分 总分 5.5 分	中等	(6)(7)
16 省二及	电子设计竞赛省二 英语竞赛省二	单项最高分 2 分 总分 4 分	及格	(6)
17 省二	英语竞赛省二 数学建模竞赛省三	单项最高分 2 分 总分 3.5 分	不及格	(6)(7)

勤思敏学 5-9: 为什么例 5-12 中条件间的互相约束极大地减少了测试用例数目?

◆ 5.9 黑盒测试小结

黑盒测试是一种常用的软件测试方法,它将被测软件看作一个打开的黑盒,主要根据功能需求设计测试用例,进行测试。

常用的黑盒测试方法有如下四种:等价类划分法、边界值分析法、因果图法、决策表法。其中,等价类划分法考虑数据依赖关系,将不能穷举的测试过程进行合理分类,从而保证设计出来的测试用例具有完整性和代表性;边界值分析法作为对等价类划分法的补充,其测试用例来自等价类的边界,适合应用在有定义域的情况,不识别数据或逻辑关系,设计工作量小,但生成的测试用例数比较多;因果图法考虑描述多种条件的组合,相应地产生多个动作的形式来考虑设计测试用例;决策表法能够将依赖多个逻辑条件取值分别执行不同的操作的复杂问题按照各种可能的情况全部列举出来,并避免遗漏,设计出完整的测试用例集合。

黑盒和白盒
测试的应用

◆ 习　　题

一、判断题

1. 黑盒测试又称数据驱动测试。　　　　　　　　　　　　　　　　　　　　　（　　）

2. 黑盒测试又称基于规格说明的测试。　　　　　　　　　　　　　　　　　　（　　）

二、选择题

1. 划分软件测试属于白盒测试还是黑盒测试的依据是(　　　)。

　　A. 是否执行程序代码　　　　　　　　　B. 是否能看到软件设计文档

　　C. 是否能看到被测源程序　　　　　　　D. 运行结果是否确定

2. (　　　)不属于黑盒测试方法的优势。

　　A. 黑盒测试用例与程序如何实现无关

　　B. 黑盒测试用例的设计可以与程序开发并行

　　C. 没有编程经验的人也可以设计黑盒测试用例

　　D. 黑盒测试可能存在漏洞

3. 黑盒测试的测试数据是根据(　　　)来设计的。

　　A. 应用范围　　　　　　　　　　　　　B. 需求规格说明书

　　C. 内部逻辑　　　　　　　　　　　　　D. 结构

4. 下列不属于黑盒测试方法范畴之内的是(　　　)。

　　A. 等价类划分　　　B. 边界值分析　　　C. 因果图　　　　　　D. 逻辑覆盖

5. 针对是否对无效数据进行测试,可以将等价类测试分为(　　　)

　　A. 标准(一般)等价类测试　　　　　　　B. 健壮等价类测试

　　C. 弱等价类测试　　　　　　　　　　　D. 强等价类测试

6. (　　　)方法是根据输出对输入的依赖关系来设计测试用例的。

　　A. 边界值分析　　　B. 等价类　　　　　C. 因果图法　　　　　D. 错误推测法

7. 如果实现一个程序,输入变量 x_1 和 x_2 的边界、区间分别为: $a \leqslant x_1 \leqslant d$,$[a,b]$,$[b,c]$,$[c,d]$;$e \leqslant x_2 \leqslant g$,$[e,f]$,$[f,g]$。下列(　　　)可表示为强健壮等价类测试用例。

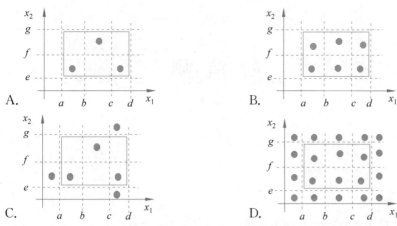

8. 对于一个含 n 个变量的程序,采用基本边界值分析法测试程序会产生( )个测试用例。

A. $6n+1$ B. 5^n C. $4n+1$ D. 7^n

三、简答题

1. 某位同学为例 5-7 编写程序代码如下。

```
#include <stdio.h>
  void main()
  {
      float h; float g; float sum; sum=0.0;
      printf("请输入小时工资和工作小时数：");
      scanf("%f",&h); scanf("%f",&g);
      if(h>0 && h<40)
          sum=0.7*h*g;
        else if (h>40 && h<50)
          sum=40*g+(h-40)*1.5*g;
      else if(h>=50 && h<=60)
          sum=40*g+10*1.5*g+(h-50)*3*g;
  printf("%f",sum);
  }
```

请用例 5-7 中设计的测试用例测试该程序,找到程序中的缺陷并纠正缺陷。

2. 某银行 App 要求用户按下列规则设定登录密码:密码的长度为 6～10 个字符,密码必须由大小写英文字母或数字 0～9 组成。满足规则的密码会提示"设置成功",否则提示"设置失败"。请用等价分类法设计测试用例。

(1) 划分等价类。

(2) 根据等价类设计测试用例。

3. 某企业年终欲对优秀员工做出特别奖励,具体措施如下。

(1) 行政管理员工:特别优秀,年终奖增加 6%;一般优秀,年终奖增加 4%。

(2) 专业技术员工:特别优秀,年终奖增加 10%;一般优秀,年终奖增加 6%。

试用因果图和判定表法设计测试用例。

(1) 画出因果图。

(2) 建立判定表。

(3) 根据判定表设计测试用例。

第 6 章

白 盒 测 试

本章内容

- 白盒测试方法的基本概念
- 判定覆盖(分支覆盖)测试
- 条件覆盖测试
- 判定/条件覆盖测试
- 基本路径测试

学习目标

(1) 理解白盒测试方法的基本概念。

(2) 了解白盒测试的常用策略。

(3) 掌握白盒测试中判定覆盖(分支覆盖)、条件覆盖、判定/条件覆盖和基本路径测试技术。

(4) 理解白盒测试中判定覆盖(分支覆盖)、条件覆盖、判定/条件覆盖之间的区别和联系。

(5) 运用判定/条件覆盖测试方法进行实际程序测试。

(5) 运用基本路径测试方法进行实际程序测试。

◆ 6.1 什么是白盒测试

白盒测试是一种从软件内部对软件实施的测试,也称结构测试、透明盒测试、逻辑驱动测试或基于代码的测试。其基本观点是:将被测程序看作一个可视的白盒,白盒里面的内容(实现)和结果是完全透明的,测试者必须检查程序的内部结构,从检查程序内部的逻辑着手,得出测试数据。

白盒测试通过检查软件内部的逻辑结构,对软件中的逻辑路径进行覆盖测试,通过在程序不同地方设立检查点,检查程序的状态,以确定实际运行状态与预期状态一致。在测试中,主要考虑程序内部结构和内部特性,检测产品内部动作是否按照"设计规格说明书"的规定正常进行,检验程序中的每条通路是否都能按预定要求正确工作,但不能够确保产品已经实现了规格说明中的所有功能。如果外部特性本身设计有问题或规格说明的规定有误,用白盒测试方法是不能发现的。

白盒测试是以软件设计和实现专业人员的角度,主要针对被测程序的源代码,只验证内部动作是否按照设计说明书的规定进行,不考虑软件的功能实现。白盒测试方法能从代码句法发现内部代码在算法、溢出、路径、条件等中的缺点或者错误,进而加以修正。白盒测试方法在软件测试的单元测试、集成测试等阶段中都发挥着重要作用,尤其在单元测试阶段中,其作用是其他测试方法无法取代的。

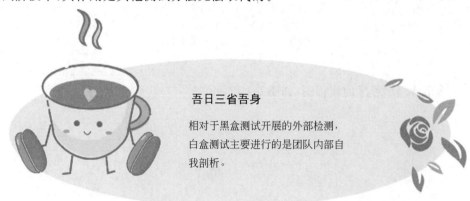

吾日三省吾身

相对于黑盒测试开展的外部检测,
白盒测试主要进行的是团队内部自
我剖析。

白盒测试方法把产品软件看成内部结构一览无余的白盒,测试者像戴上了一副 X 光透视眼镜,可以清楚地看到软件的输入是如何工作的。在测试过程中,测试者像是将软件放在手术台上进行解剖,查看各个单元部件能否功能正常。因此,白盒测试方法是在程序结构上进行的测试,主要是对程序模块进行以下检查。

(1)对程序模块的所有独立执行路径至少测试一次。

(2)对所有的逻辑判定,取 TRUE 和 FALSE 两种情况都能至少测试一次。

(3)在循环的边界和运行界限内执行循环体。

(4)测试内部数据的有效性。

白盒测试方法主要有语句覆盖、判定覆盖(分支覆盖)、条件覆盖、判定/条件覆盖、条件组合覆盖、基本路径测试、循环测试、数据流测试等。

◆ 6.2　语 句 覆 盖

语句覆盖(Statement Coverage)又称行覆盖(Line Coverage)、段覆盖(Segment Coverage)、基本块覆盖(Basic Block Coverage),指设计若干个测试用例,运行被测程序,使得程序中每一条可执行语句至少执行一次。这里的"若干个",意味着使用测试用例越少越好,即

语句覆盖率=被测试到的语句数量/可执行的语句总数×100%

语句覆盖是最常用也是最常见的一种覆盖方式,常常被人指责为"最弱的覆盖",它只管覆盖代码中的执行语句,却不考虑各种分支的组合等。假如测试程序时只要求达到语句覆盖,测试效果往往不会太明显,代码中隐藏的问题很难被发现。

例 6-1　foo 函数 Java 源代码的语句覆盖测试。

假设有一个待测试的小程序,其 Java 源代码如下。使用语句覆盖测试方法,完成对小程序的测试用例设计。

语句覆盖

```
public void foo (int a, int b, int x) {
    if(a>1 && b ==0) {
        x = x/a;
    }
    if (a==2 || x>1) {
        x = x+1;
    }
}
```

解答：

(1) 画出待测试程序的流程图,如图 6-1 所示。

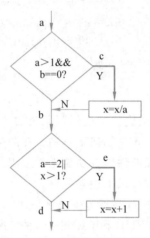

图 6-1　foo 函数的程序流程图

(2) 语句覆盖执行情况分析。

使用语句覆盖准则测试上述小程序,只需要遍历路径 ace,便将程序中的所有语句都执行了一次。因此,在设计用例时,只需适当选取变量 a、b、x 的值,使得路径 ace 被执行,即达到了 100%的语句覆盖。

(3) 语句覆盖用例设计。

根据上述分析,为该被测小程序设计测试用例,如表 6-1 所示。

表 6-1　foo 函数的语句覆盖测试用例设计

用 例 编 号	输　　　入			预期输出	覆盖路径
	a	b	x		
1	2	0	4	3	ace

执行用例 1,判定(a > 1 && b == 0)为真,执行语句 x = x/a,x =2;判定(a == 2 || x > 1)为真,执行语句 x = x + 1;输出 x =3;程序结束。

例 6-1 的语句覆盖测试中存在以下不足。

(1) 程序中存在一条 x 的值未发生改变的路径 abd 没有测试。

(2) 无法发现判定的错误。例如,第一个判定(a > 1 && b == 0)如果错误地写为(a > 1 || b == 0),执行用例 1 是发现不了的。

（3）无法发现条件的错误。例如，如果第二个判断中的条件 x＞1 错误地写为 x＞0，执行用例 1 是发现不了的。

◇ 6.3　判定覆盖

判定覆盖也被称为分支覆盖（Branch Coverage），指设计的测试用例要保证让被测试程序中的每一个分支至少执行一次。

下面仍以图 6-1 作为例子来说明。图 6-1 中涉及的判定结点一共有两个：（a＞1&&b＝0），（a＝2||x＞1）。

透过现象看本质——为什么需要判定覆盖?

即使例6-1中判定的第一个运算符 "&&" 错写成 "||"，或第二个运算符 "||" 错写成 "&&"，例6-1的测试用例仍然可以通过语句覆盖测试。

为了达到判定覆盖的目的，我们设计的用例需要在第一个判定结点（a＞1&&b＝0）有（a＞1&&b＝0）为真和（a＞1&&b＝0）为假两种情况出现，并且在第二个判定结点（a＝2||x＞1）有（a＝2||x＞1）为真和（a＝2||x＞1）为假两种情况出现。

例 6-2　foo 函数 Java 源代码的判定覆盖测试。

使用以上判定覆盖测试方法，完成对小程序的测试用例设计。

解答：

（1）待测试程序的流程图如图 6-2 所示。

（2）判定覆盖执行情况分析。

使用判定覆盖准则测试上述小程序，需要判定（a＞1&& b＝＝0）取真和取假各执行一次，即遍历子路径 ac 和 ab；需要判定（a＝＝2 || x＞1）取真和取假各执行一次，即遍历子路径 d 和 e。因此，设计用例时，只需适当选取变量 a、b、x 的值，使得上述子路径 ac 和 ab、d 和 e 都被执行，即达到了 100% 的判定覆盖。

知识拓展

为了清楚地判断出测试用例是否达到判定覆盖，应该给每个判定取真值和取假值时不同的标识符号。例如，设判定（a＞1&& b＝＝0）取真值时为 R1，取假值时为 －R1，判定（a＝＝2 || x＞1）取真值时为 R2，取假值时为 －R2，要满足两个判定取真和取假都被执行，即 R1R2 与 －R1－R2 都被覆

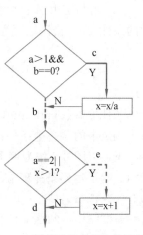

图 6-2　判定覆盖用例执行路径

盖,达到了 100% 的判定覆盖。

(3) 判定覆盖用例设计。

根据上述分析,为被测小程序设计判定覆盖测试用例如表 6-2 所示。

表 6-2　foo 函数判定覆盖测试用例设计

用例编号	输　入			预期输出	覆盖路径	覆盖路径
	a	b	x			
1	3	0	1	1/3	acd	R1−R2
2	2	1	3	4	abe	−R1R2

执行用例 1,判定(a>1 && b==0)为真,执行语句 x=x/a,x=1/3;判定(a==2 || x>1)为假,不执行语句 x=x+1;输出 x=1/3;程序结束。

执行用例 2,判定(a>1 && b==0)为假,不执行语句 x=x/a;判定(a==2 || x>1)为真,执行语句 x=x+1,x=4;输出 x=4;程序结束。

相比较例 6-1 的语句覆盖测试,例 6-2 的判定覆盖测试可以发现判定的错误。例如,第一个判定(a>1 && b==0)如果错误地写为(a>1 || b==0),测试用例 2 将执行路径 ace,输出 x=5/3,与预期输出 x=4 不一致,错误被发现。

勤思敏学 6-1:上述测试用例 1 和测试用例 2 分别执行路径 acd 和 abe 达到 100% 的判定覆盖,如图 6-2 所示,尝试设计不同的测试用例执行不同的路径达到同样的 100% 判定覆盖。

从上述示例可以得出:①判定覆盖测试用例一定满足语句覆盖;②判定覆盖只需考虑每个判定真假,每个分支执行一次即可。

判定覆盖比语句覆盖强一些,能发现一些语句覆盖无法发现的问题。但是往往一些判定都是由多个逻辑条件组合而成的,进行判断时相当于对整个条件组合的最终结果进行判断,这样就会忽略每个条件的取值情况,导致遗漏部分测试路径。

例 6-2 的判定覆盖测试中仍存在以下不足。

(1) 程序中存在一条 x 的值未发生改变的路径 abd 没有测试。

(2) 当判定由多个条件组合构成时,不一定能发现每个条件的错误。例如,第二个判断中的条件 x>1 错误地写为 x>0,执行用例 1 和用例 2 是发现不了的。

◆ 6.4　条　件　覆　盖

条件覆盖(Condition Coverage)和判定覆盖不同,条件覆盖要求所设计的测试用例能使每个判定中的每一个条件都获得可能的取值,即每个条件至少取一次真值、取一次假值。

下面以图 6-2 作为例子来说明。图 6-2 中涉及的条件一共有 4 个:a>1, b=0, a=2, x>1。为了达到条件覆盖的目的,我们设计的用例需要在第一个判定结点(a>1 && b==0)有"a>1""a≤1""b=0""b!=0"4 种情况出现,并且在第二个判定结点(a==2 || x>1)有"a=2""a!=2""x>1""x≤1"4 种情况出现。

例 6-3　foo 函数 Java 源代码的条件覆盖测试。

使用以上条件覆盖测试方法,完成对小程序的测试用例设计。

解答：

（1）待测试程序的流程图如图 6-3 所示。

（2）条件覆盖执行情况分析。

使用条件覆盖准则测试上述小程序，需要 4 个条件 a＞1、b＝＝0、a＝＝2、x＞1 取真和取假各执行一次，如图 6-3 所示。因此，设计用例时，只需适当选取变量 a、b、x 的值，使得上述 4 个条件取真和取假都被执行即达到了 100% 的条件覆盖。

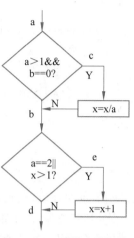

图 6-3　foo 函数中的条件

知识拓展

为了清楚地判断出测试用例是否达到条件覆盖，应该给每个条件取真值和取假值时不同的标识符号。例如，设条件 "a＞1" 取真值时为 T1，取假值时为 F1，条件 "b＝＝0" 取真值时为 T2，取假值时为 F2，条件 "a＝＝2" 取真值时为 T3，取假值时为 F3，条件 "x＞1" 取真值时为 T4，取假值时为 F4，要满足 4 个条件取真和取假都被执行，即 T1T2T3T4 与 F1F2F3F4 都被覆盖到即达到了 100% 的条件覆盖。

勤思敏学 6-2：上述例子中要满足 4 个条件取真和取假都被执行，有多少可能的组合情况？

（3）条件覆盖用例设计。

根据上述分析，为被测小程序设计条件覆盖测试用例如表 6-3 所示。

表 6-3　foo 函数条件覆盖测试用例设计

用例编号	输　入			预期输出	覆盖路径	覆盖判定	覆盖条件
	a	b	x				
1	1	0	3	4	abe	－R1R2	F1T2F3T4
2	2	1	1	2	abe	－R1R2	T1F2T3F4

执行用例 1，条件 a＞1 为假，b＝＝0 为真，判定（a＞1 && b＝＝0）为假，不执行语句 x＝x/a；条件 a＝＝2 为假，x＞1 为真，判定（a＝＝2 || x＞1）为真，执行语句 x＝x＋1；输出 x＝4；程序结束。

执行用例 2，条件 a＞1 为真，b＝＝0 为假，判定（a＞1 && b＝＝0）为假，不执行语句 x＝x/a；条件 a＝＝2 为真，x＞1 为假，判定（a＝＝2 || x＞1）为真，执行语句 x＝x＋1；输出 x＝2；程序结束。

相比较例 6-2 的判定覆盖测试，例 6-3 的条件覆盖测试可以发现条件的错误。例如，第三个条件 a＝＝2 如果错误地写为 a＞2，测试用例 2 执行时判定（a＝＝2 || x＞1）为假，将输出 x＝1，与预期输出 x＝2 不一致，错误被发现。

从上述示例可以得出：①条件覆盖测试用例不一定满足语句覆盖；②条件覆盖测试用例不一定满足判定覆盖。

勤思敏学 6-3：例 6-3 中，如果第一个条件 a＞1 错误地写为 a＞0，测试用例 1 执行时判定（a＞1 && b==0）为真，执行语句 x = x/a，但最终的输出结果仍为 x =4，与预期输出 x =4 一致，错误能被发现吗？为什么？应该如何修改测试用例 1 才能发现这个错误？

例 6-3 的条件覆盖测试中仍存在以下不足。

（1）程序语句 x = x/a 没有被执行。

（2）程序中存在一条 x 的值未发生改变的路径 abd 没有测试。

（3）有时候无法发现判定的错误。

判定/条件覆盖

◆ 6.5 判定/条件覆盖

判定/条件覆盖（Decision/Condition Coverage）指设计的测试用例可以使得判断中每个条件所有的可能取值至少执行一次（条件覆盖），同时每个判断本身所有的结果也要至少执行一次（判定覆盖）。不难发现，判定/条件覆盖同时满足判定覆盖和条件覆盖，弥补了两者各自的不足，但是判定条件覆盖并未考虑条件的组合情况。

例 6-4 foo 函数 Java 源代码的判定/条件覆盖测试。

使用以上判定/条件覆盖测试方法，完成对小程序的测试用例设计。

解答：

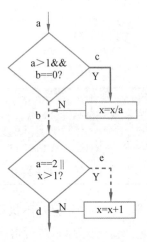

图 6-4 foo 函数中的条件和
判定执行路径

（1）待测试程序的流程图如图 6-4 所示。

（2）判定/条件覆盖执行情况分析。

使用判定/条件覆盖准则测试上述小程序，既要考虑到单个判定中每个条件的可能情况（a＞1 或 a≤1，b=0 或 b≠0，a=2 或 a≠2，x＞1 或 x≤1），也要考虑到每个判定的可能情况（路径 ace 和 abd，或路径 acd 和 abe），即 R1R2 与－R1－R2、T1T2T3T4 与 F1F2F3F4 都被覆盖到即达到了 100％的判定/条件覆盖。

如何适当选取变量 a、b、x 的值，使得 R1R2 与－R1－R2、T1T2T3T4 与 F1F2F3F4 被同时覆盖呢？分析 2 个判定和 4 个条件可以看出，要覆盖 R1，只能 T1T2 组合；同样地，要覆盖－R2，必须 F3F4 组合。也就是说，在选取变量 a、b、x 的值时，必须首先满足 T1T2 组合和 F3F4 组合。因此，满足判定/条件覆盖准则设计的测试用例有两种可能的覆盖组合：T1T2T3T4 与 F1F2F3F4、T1T2F3F4 与 F1F2T3T4。此例中，第三个条件 a＝2 为真时，第一个条件 a＞1 也只能为真，因此，T1T2F3F4 组合不可能出现，即只有根据 T1T2T3T4 与 F1F2F3F4 组合选取变量 a、b、x 的值是可行的。

（3）判定/条件覆盖用例设计。

根据上述分析，为被测小程序设计判定/条件覆盖测试用例如表 6-4 所示。

执行用例 1，条件 a＞1 为真，b＝＝0 为真，判定（a＞1 && b＝＝0）为真，执行语句 x = x/a，x =2；条件 a＝＝2 为真，x＞1 为真，判定（a＝＝2 || x＞1）为真，执行语句 x = x ＋1；输出 x =3；程序结束。

表 6-4　foo 函数判定/条件覆盖测试用例设计

用例编号	输　入			预期输出	覆盖路径	覆盖判定	覆盖条件
	a	b	x				
1	2	0	4	3	ace	R1R2	T1T2T3T4
2	1	1	1	1	abd	−R1−R2	F1F2F3F4

执行用例 2,条件 a＞1 为假,b＝＝0 为假,判定(a＞1 && b＝＝0)为假,不执行语句 x＝x/a;条件 a＝＝2 为假,x＞1 为假,判定(a＝＝2 || x＞1)为假,不执行语句 x＝x＋1;输出 x＝1;程序结束。

相比较例 6-2 的判定覆盖测试和例 6-3 的条件覆盖测试,例 6-4 的判定/条件覆盖测试既可以发现分支的错误,也可以发现条件的错误。

从上述示例可以得出结论:①判定/条件覆盖一定满足判定覆盖和条件覆盖;②判定/条件覆盖一定满足语句覆盖。

勤思敏学 6-4:例 6-4 中,如果第一个判定(a＞1 && b＝＝0)错误地写为判定(a＞1 || b＝＝0),执行测试用例 1 和测试用例 2 能发现这个错误吗?

勤思敏学 6-5:例 6-4 中,如果第一个条件 a＞1 错误地写为 a＞0,执行测试用例 1 和测试用例 2 能发现这个错误吗?

例 6-4 的判定/条件覆盖测试中仍存在以下不足:判定/条件覆盖不一定会发现逻辑表达式中的错误。例 6-4 中,尽管看上去所有条件的所有结果似乎都执行到了,但实际上,由于有些判定中前面的条件会屏蔽掉后面的条件,并不一定所有可能的情况都全部执行得到。例如,上述测试用例 1 满足了条件 a＝2 后,就不再执行对条件 x＞1 的判断;测试用例 2 中不满足条件 a＞1 后,就不再执行对条件 b＝0 的判断。

◆ 6.6　条件组合覆盖

条件组合
覆盖

条件组合覆盖(Branch Condition Combination Coverage)指设计的测试用例应该使得每个判定中的各个条件的各种可能组合都至少出现一次。显然,满足条件组合覆盖的测试用例一定是满足判定覆盖、条件覆盖和判定/条件覆盖的。

例 6-5　foo 函数 Java 源代码的条件组合覆盖测试。

使用以上条件组合覆盖测试方法,完成对小程序的测试用例设计。

解答:

(1) 待测试程序的流程图如例 6-1 中图 6-1 所示。

(2) 条件组合覆盖执行情况分析。

上述小程序共有 4 个条件,它们之间的联系如图 6-5 所示。使用组合条件覆盖准则测试上述小程序,需要考虑到每个判定中所有可能的条件取值组合。

第一个判定中所有可能的条件取值组合如下。

① a＞1,b＝0。

② a＞1,b! ＝0。

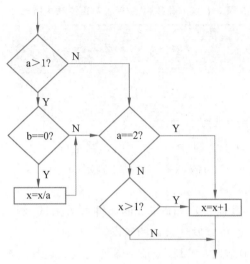

图 6-5　foo 函数条件之间的联系

③ a≤1,b=0。

④ a≤1,b! =0。

第二个判定中所有可能的条件取值组合如下。

① a=2,x>1。

② a=2,x≤1。

③ a! =2,x>1。

④ a! =2,x≤1。

(3) 条件组合覆盖用例设计。

根据上述分析,为该被测小程序设计测试用例如表 6-5 所示。

表 6-5　foo 函数条件组合覆盖测试用例设计

用例编号	输入			预期输出	覆盖路径	覆盖条件	覆盖判定	覆盖组合
	a	b	x					
1	2	0	4	3	ace	T1T2T3T4	R1R2	1,5
2	2	1	1	2	abe	T1F2T3F4	−R1R2	2,6
3	1	0	2	3	abe	F1T2F3T4	−R1R2	3,7
4	1	1	1	1	abd	F1F2F3F4	−R1−R2	4,8

执行用例 1,条件 a > 1 为真,b == 0 为真,判定(a > 1 && b == 0)为真,执行语句 x = x/a,x =2;条件 a == 2 为真,x > 1 为真,判定(a == 2 || x > 1)为真,执行语句 x = x + 1;输出 x =3;程序结束。

执行用例 2,条件 a > 1 为真,b == 0 为假,判定(a > 1 && b == 0)为假,不执行语句 x = x/a;条件 a == 2 为真,x > 1 为假,判定(a == 2 || x > 1)为真,执行语句 x = x + 1;输出 x =2;程序结束。

执行用例 3,条件 a > 1 为假,b == 0 为真,判定(a > 1 && b == 0)为假,不执行语句 x = x/a;条件 a == 2 为假,x > 1 为真,判定(a == 2 || x > 1)为真,执行语句

x＝x＋1;输出 x＝3;程序结束。

执行用例 **4**,条件 a＞1 为假,b＝＝0 为假,判定(a＞1 && b＝＝0)为假,不执行语句 x＝x/a;条件 a＝＝2 为假,x＞1 为假,判定(a＝＝2 || x＞1)为假,不执行语句 x＝x＋1;输出 x＝1;程序结束。

相比较例 6-4 的判定/条件覆盖测试,例 6-5 的条件组合覆盖测试不仅可以发现分支和条件的错误,也可以发现判定/条件覆盖发现不了的逻辑表达式中的错误。

勤思敏学 6-6:例 6-5 中的测试用例没有覆盖到路径 acd,该如何修改测试用例表才能达到所有的 4 条路径都被覆盖?

从上述示例可以得出结论:①条件组合覆盖一定满足判定/条件覆盖;②条件组合覆盖不一定满足路径覆盖。

◈ 6.7　修正判定/条件覆盖

修正判定/条件覆盖

当程序中的判定语句包含多个条件时,运用条件组合覆盖方法进行测试,其条件取值组合数目是非常庞大的。修正判定/条件覆盖不仅可以极大地减少条件组合覆盖的测试用例数量,还能够在判定/条件覆盖的基础上,增加判定/条件覆盖测试的缺陷发现能力。

修正判定/条件覆盖要求在一个程序中每一种输入/输出至少出现一次,程序中的每一个条件必须产生所有可能的输出结果至少一次,并且每一个判定中的每一个条件必须能够独立影响一个判定的输出,即在其他条件不变的前提下仅改变这个条件的值,而使判定结果改变。因此,修正条件/判定覆盖首先要求实现条件覆盖、判定覆盖,在此基础上,对于每一个条件 C,要求存在符合以下条件的两次计算。

(1) 条件 C 所在判定内的所有条件,除条件 C 外,其他条件的取值完全相同。

(2) 条件 C 的取值相反。

(3) 判定的计算结果相反。

知识拓展

从修正判定/条件覆盖的定义可以看出,在设计修正判定/条件覆盖测试用例时,不仅要满足判定/条件覆盖,还需要考虑单个条件对判定的独立影响。通常情况下,如果测试用例体现了单个条件对判定的独立影响,就会满足判定/条件覆盖。因此,在设计修正判定/条件覆盖测试用例时,可以先考虑单个条件对判定的独立影响,再检验是否满足判定/条件覆盖。

例如,对于判定包含条件 C1、C2 的判定 C1&&C2,条件 C1、C2 所有可能的取值组合如表 6-6 所示。

表 6-6　判定 C1&&C2 的条件组合及独立影响

编　号	C1	C2	C1&&C2	C1 的独立影响	C2 的独立影响
1	T	T	T	√C1	√C2
2	T	F	F		√C2
3	F	T	F	√C1	
4	F	F	F		

比较表 6-6 中的 1、2 两行可以看出，条件 C1 值没变，条件 C2 的值由 T 变为 F，判定
C1&&C2 的值也由 T 变为 F，这说明 1、2 行取值组合体现了条件 C2 对判定 C1&&C2 的
独立影响；同理，1、3 行取值组合体现了条件 C1 对判定 C1&&C2 的独立影响。因此，满足
第 1、2、3 行取值情况的测试用例就体现了单个条件对判定 C1&&C2 的独立影响。进一步
分析发现，满足第 1、2、3 行取值情况的测试用例也同时达到了判定 C1&&C2 的 100%判
定/条件覆盖。

相似地，对于包含条件 C1、C2 的判定 C1||C2，条件 C1、C2 所有可能的取值组合如表 6-7
所示。

表 6-7　判定 C1||C2 的条件组合及独立影响

编号	C1	C2	C1||C2	C1 的独立影响	C2 的独立影响
1	T	T	T		
2	T	F	T		√C2
3	F	T	T	√C1	
4	F	F	F	√C1	√C2

可以看出，第 2、4 行取值组合体现了条件 C2 对判定 C1||C2 的独立影响；第 3、4 行取
值组合体现了条件 C1 对判定 C1||C2 的独立影响。因此，满足 2、3、4 行取值情况的测试用
例就体现了单个条件对判定 C1||C2 的独立影响。进一步分析发现，满足 2、3、4 行取值情
况的测试用例也同时达到了判定 C1||C2 的 100%判定/条件覆盖。

对于包含多个条件的判定情况要复杂一些。例如，对于判定 C1&&(C2||C3)，条件
C1、C2、C3 所有可能的取值组合如表 6-8 所示。

表 6-8　判定 C1&&(C2||C3) 的条件组合及独立影响

编号	C1	C2	C3	C1&&(C2||C3)	C1 独立影响	C2 独立影响	C3 独立影响
1	T	T	T	T	√C1		
2	T	F	T	T			√C3
3	T	T	F	T		√C2	
4	T	F	F	F		√C2	√C3
5	F	T	T	F	√C1		
6	F	F	T	F			
7	F	T	F	F			
8	F	F	F	F			

可以看出，第 1、5 行取值组合体现了条件 C1 对判定 C1&&(C2||C3) 的独立影响；第
3、4 行取值组合体现了条件 C2 对判定 C1&&(C2||C3) 的独立影响；第 2、4 行取值组合体
现了条件 C3 对判定 C1&&(C2||C3) 的独立影响。因此，满足第 1、2、3、4、5 行取值情况的
测试用例就体现了单个条件对判定 C1&&(C2||C3) 的独立影响，进一步分析发现，满足第

1、2、3、4、5 行取值情况的测试用例同时达到了该判定的 100％判定/条件覆盖。

例 6-6　foo 函数 Java 源代码的修正判定/条件覆盖测试。

使用以上修正判定/条件覆盖方法,完成对小程序的测试用例设计。

解答:

(1) 待测试程序的流程图如例 6-5 中图 6-5 所示。

(2) 修正判定/条件覆盖执行情况分析。

使用修正判定/条件覆盖准则测试上述小程序,需要考虑条件 a＞1 和 b＝＝0 对判定 (a＞1＆＆b＝＝0)的独立影响,如表 6-9 所示;条件 a＝＝2 和 x＞1 对判定(a＝＝2 ‖ x＞1)的独立影响,如表 6-10 所示。

表 6-9　a＞1＆＆b＝＝0 修正判定/条件覆盖分析

编号	a＞1	b＝＝0	a＞1＆＆b＝＝0	a＞1 的独立影响	b＝＝0 的独立影响
1	T1	T2	T	√	√
2	T1	F2	F		√
3	F1	T2	F	√	

表 6-10　a＝＝2‖x＞1 修正判定/条件覆盖分析

编号	a＝＝2	x＞1	a＝＝2‖x＞1	a＝＝2 的独立影响	x＞1 的独立影响
2	T3	F4	T		√
3	F3	T4	T	√	
4	F3	F4	F	√	√

(3) 修正判定/条件覆盖用例设计。

根据上述分析,为该被测小程序设计测试用例如表 6-11 所示。

表 6-11　foo 函数修正判定/条件覆盖测试用例设计

用例编号	输		入	预期输出	a＞1 独立影响	b＝＝0 独立影响	a＝＝2 独立影响	x＞1 独立影响	覆盖条件	覆盖路径
	a	b	x							
1	2	0	2	2	√	√		√	T1T2T3F4	ace
2	3	1	2	3		√	√		T1F2F3T4	abe
3	1	0	1	1	√		√	√	F1T2F3F4	abd

执行用例 1,条件 a＞1 为真,b＝＝0 为真,判定(a＞1＆＆b＝＝0)为真,执行语句 x ＝ x/a,x ＝1;条件 a＝＝2 为真,x＞1 为假,判定(a＝＝2 ‖ x＞1)为真,执行语句 x ＝ x＋1;输出 x ＝2;程序结束。

执行用例 2,条件 a＞1 为真,b＝＝0 为假,判定(a＞1＆＆b＝＝0)为假,不执行语句 x ＝ x/a;条件 a＝＝2 为假,x＞1 为真,判定(a＝＝2 ‖ x＞1)为真,执行语句 x ＝ x＋1;输出 x ＝3;程序结束。

执行用例 3,条件 a＞1 为假,b＝＝0 为真,判定(a＞1＆＆b＝＝0)为假,不执行

语句 x = x/a;条件 a == 2 为假,x > 1 为假,判定(a == 2 || x > 1)为假,不执行语句 x = x + 1;输出 x =1;程序结束。

勤思敏学 6-7:尝试设计与表 6-11 中不同的测试用例达到对例 6-6 的修正判定/条件覆盖。

从上述示例可以得出结论:①修正判定/条件覆盖一定满足判定/条件覆盖;②修正判定/条件覆盖不一定满足路径覆盖。

◆ 6.8 基本路径测试

路径测试就是从一个程序的入口开始,执行所经历各个语句测试的完整过程。从广义的角度讲,任何有关路径分析的测试都可以被称为路径测试。完成路径测试的理想情况是做到路径覆盖,但对于复杂性大的程序要做到所有路径覆盖(测试所有可执行路径)是不可能的。

在不能做到所有路径覆盖的前提下,如果某一程序的每一个独立路径都被测试过,那么可以认为程序中的每个语句都已经检验过了,即达到了语句覆盖。这种测试方法就是通常所说的基本路径测试方法。

知识拓展:基本路径覆盖测试的目的是检验程序的每一个独立路径都被测试过,虽然达到了语句覆盖,但是达到语句覆盖并不是其目的。相比语句覆盖,基本路径覆盖测试的缺陷发现能力更强。

基本路径测试方法是在程序控制流图的基础上,通过分析控制结构的环形复杂度,导出执行路径的基本集,再依据该基本集设计测试用例。基本路径测试方法包括以下 4 个步骤。

(1)画出程序的控制流图。

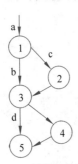

图 6-6　foo 函数的控制流图

程序的控制流图是用来描述程序控制结构的一种简单图示方法,是程序流程图的简化。例如,例 6-1 中图 6-1 的程序流程图对应的程序控制流图如图 6-6 所示。

(2)计算程序的环形复杂度,确定程序基本路径集中的**独立路径条数**,即确定程序中每个可执行语句至少执行一次所必需的测试用例数目的上界。

例如,图 6-6 的环形复杂度是 3,即 foo 函数程序代码的独立路径条数是 3,每个可执行语句至少执行一次所必需的测试用例数目的上界是 3。

知识拓展:一条独立路径是指,和其他的独立路径相比,至少引入一个新处理语句或一个新判断的程序通路,即独立路径必须至少包含一条在该路径之前不曾用过的边。

上述"每个可执行语句至少执行一次所必需的测试用例数目的上界是 3",而同样的程序所需的语句覆盖测试用例数目仅是 1,这两者并不矛盾。因为语句覆盖测试关注的是具体的语句 2 和语句 4,只需一个用例执行 ace 路径即可;然而,这里的"每个可执行语句至少执行一次"关注的是控制流图中的**独立路径**,所以并不矛盾。

(3)导出基本路径集,确定程序的独立路径。

例如,由环形复杂度确定了 foo 函数程序代码的独立路径条数是 3,按照独立路径的定义,找到 3 条独立路径如下。

路径 1：1—2—3—4—5

路径 2：1—3—4—5

路径 3：1—2—3—5

其中,路径 1 是最长的一条路径,包括所有的判定结点;相比于路径 1,路径 2 包含不曾出现在路径 1 中的边 1→3;相比于路径 1 和路径 2,路径 3 包含不曾出现在路径 1 和路径 2 中的边 3→5。

(4) 根据步骤(3)中的独立路径,设计测试用例的输入数据和预期输出。

为了确保基本路径集中的每一条路径的执行,根据判断结点给出的条件,选择适当的数据以保证每一条路径可以被测试到,得出测试用例集合。

例如,根据上述 3 条独立路径可以为 foo 函数设计如表 6-12 所示的基本路径测试用例。

表 6-12　*foo* 函数基本路径测试用例设计

用例编号	输 入			预期输出	覆盖条件	覆盖判定	覆盖路径
	a	b	x				
1	2	0	2	2	T1T2T3F4	R1R2	路径 1(ace)
2	3	1	2	3	T1F2F3T4	−R1R2	路径 2(abe)
3	3	0	1	1/3	T1T2F3F4	R1−R2	路径 3(acd)

从表 6-12 可以看出,表中的基本路径测试用例同样满足条件覆盖和判定覆盖,但不满足条件组合覆盖和修正的判定/条件覆盖。

6.8.1　程序的控制流图

程序的控制流图(简称程序流图)是一个过程或程序的抽象表现,是对程序流程图进行简化后得到的,可以更加突出地表示程序控制流的结构。

控制流图中包含两种图形符号：结点和控制流线。结点通常表示操作,控制流线通常表示操作的条件。常见结构的控制流图如图 6-7 所示。

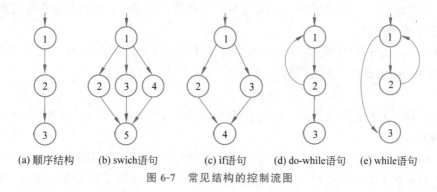

　　(a) 顺序结构　　　(b) swich语句　　　(c) if语句　　　(d) do-while语句　　　(e) while语句

图 6-7　常见结构的控制流图

图 6-7 中的每一个圆圈称为流图的结点,代表一条或多条语句。流图中的箭头称为边

或连接,代表控制流。可将程序流程图映射到一个相应的流图:一个处理方框序列和一个菱形决策框可被映射为一个结点,流图中的边或连接类似于流程图中的箭头;一条边必须终止于一个结点,即使该结点并不代表任何语句(例如 if-else-then 结构);由边和结点限定的范围称为区域,计算区域时应包括图外部的范围。例如,图 6-8(a)就是由图 6-8(a)简化而成的。

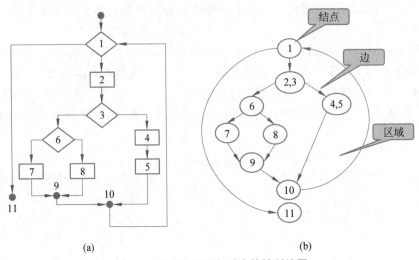

图 6-8 程序流程图和对应的控制流图

在将程序流程图简化成控制流图时,应注意以下方面。

(1)在选择或多分支结构中,分支的汇聚处应有一个汇聚结点。

(2)边和结点圈定的区域叫作区域,当对区域计数时,图形外的区域也应记为一个区域。

(3)为了测试的充分性,在画程序的控制流图时,复合条件要分解为简单条件,即如果判断中的条件表达式是一个或者多个逻辑运算符(OR,AND 等)连接的复合条件表达式,则需要修改为一系列只有单条件的嵌套判断。

例如,图 6-6 foo 函数的控制流图是由图 6-1 的程序流程图简化得到的。由于没有将图 6-1 的程序流程图中的复合条件结点转换为单条件,得到图 6-6 的环复杂度是 3,只有 3 条独立路径,只需设计 3 个测试用例。下面的例子中将展示把图 6-1 中的复合条件转换为单条件后的流图圈复杂度。

例 6-7 将图 6-1 的程序流程图中的复合条件结点转换为单条件,并再次使用基本路径测试方法为 foo 函数设计测试用例。

解答:

(1)将图 6-1 的程序流程图中的复合条件结点转换为单条件结点,得到如图 6-9 所示的新的流程图。

(2)将图 6-9 的单条件程序流程图转换为控制流图,如图 6-10 所示。

(3)计算图 6-10 的环形复杂度。根据定义,图 6-10 的环形复杂度是 5,即 foo 函数程序代码的独立路径条数是 5,每个可执行语句至少执行一次所必需的测试用例数目的上界是 5。

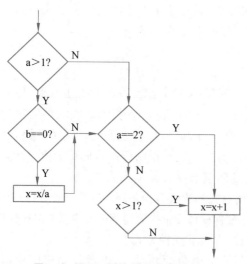

图 6-9　图 6-1 对应的单条件流程图

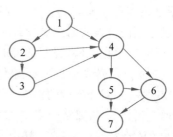

图 6-10　图 6-9 对应的流图

（4）由环形复杂度确定了 foo 函数程序代码的独立路径条数是 5，按照独立路径的定义，找到 5 条独立路径如下。

路径 1：1—2—3—4—5—6—7

路径 2：1—4—5—6—7

路径 3：1—2—4—6—7

路径 4：1—2—3—4—6—7

路径 5：1—2—3—4—5—7

值得注意的是，独立路径集合不是唯一的。上述基本路径集合中路径 3：1→2→4→6→7 换成路径 1→2→4→5→6→7 也是可以的。

另外，程序流图中存在不可行路径。上例中，路径 1→4→6→7 就是不可行路径。因为路径中包含边 4→6，说明 a＝2 必然成立，导致 a＞2 必然不成立，即这条路径一定也包含边 1→2 而非 1→4，即 4→6 必然和 1→4 不能共存同一条路径。因此，在找独立路径时，要避免选择 1→4→6→7 这样的不存在路径。

（5）根据上述 3 条独立路径可以为 foo 函数设计如表 6-13 所示的基本路径测试用例。

表 6-13　foo 函数基本路径测试用例设计

用例编号	输　　入			预期输出	覆盖条件	覆盖判定	覆盖路径
	a	b	x				
1	3	0	6	3	T1T2F3T4	R1R2	路径 1(ace)
2	1	—	2	3	F1—F3T4	—R1R2	路径 2(abe)
3	2	1	—	x+1	T1F2T3—	—R1R2	路径 3(abe)
4	2	0	—	x/a+1	T1T2T3—	R1R2	路径 4(ace)
5	3	0	1	1/3	T1T2F3F4	R1—R2	路径 5(acd)

表 6-13 中画"—"的单元格说明此处变量的取值导致的条件取真或取假不影响测试数

据的执行路径。与表 6-12 中的用例相比较可以看出,在单条件流图基础上生成的测试用例数量要高于复合条件流图的测试用例数量,因此,测试会更加充分。

流图和环
复杂度

6.8.2 圈复杂度

圈复杂度(Cyclomatic complexity)也称环形复杂度或 McCabe 复杂性度量,是一种程序逻辑复杂度的衡量标准,在 1976 年由 Thomas J. McCabe, Sr.提出。在软件测试的概念里,圈复杂度用来衡量一个模块判定结构的复杂程度,数量上表现为线性无关的路径条数,即合理地预防错误所需测试的最少路径条数。圈复杂度大说明程序代码可能质量低且难于测试和维护,根据经验,程序的可能错误和高的圈复杂度有着很大关系。

在基本路径测试方法中,如何才能知道需要寻找和测试多少条路径呢? 计算程序流图的圈复杂度就是一种简单有效的方法,用来确定为了确保软件质量应该检测的最少基本路径数目。

给定流图 G 的圈复杂度 $V(G)$,计算 $V(G)$ 有以下三种方式。

(1) $V(G)=e-n+2$。其中,e 表示控制流图中边的数量,n 表示控制流图中结点的数量。

(2) $V(G)=$判定结点数$+1$。

(3) $V(G)=$区域数。

需要注意的是,当计数流图的区域数时,图形外的开放区域也应被计算为一个区域。

例 6-8　计算图 6-8 中圈复杂度 $V(G)$。

解答:

方法一:$V(G)=e-n+2$。在图 6-8 中,$e=11$,$n=9$,因此 $V(G)=11-9+2=4$。

方法二:$V(G)=$判定结点数$+1$。在图 6-8 中,判定结点为 1、(2,3)、6 共 3 个,因此 $V(G)=3+1=4$。

方法三:$V(G)=$区域数。图 6-8 中,边和结点圈定了 3 个封闭区域和 1 个开放区域,共 4 个区域数,因此 $V(G)=4$。

独立路径
集合和测试
用例设计

6.8.3 独立路径集

实际问题中程序路径数量庞大,需要将测试的路径压缩到一定限度才具有可行性。可以在程序控制流图的基础上,通过分析控制结构的圈复杂度,导出独立路径集合,从而设计测试用例,减少测试工作量。

独立路径组成的集合称为基本路径集,独立路径数就是指基本路径集合中路径的数量。可以通过直接相连的图表给出独立路径数目,并通过图表的相关性,从一个结点到达另一个结点来确定独立路径集。由于图表的复杂性,基本路径集合不是唯一的。

例 6-9　根据图 6-11 给出的程序流程图,找出程序的独立路径集合。

解答:

(1) 画出相应的控制流图,如图 6-12 所示。

(2) 计算环形复杂度。

$$V(G) = E-N+2=11-8+2=5$$

(3) 找出程序的独立路径集合。

程序的独立路径有 8 条,分别如下。

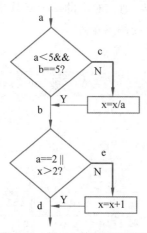

图 6-11　例 6-9 的程序流程图

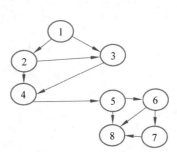

图 6-12　例 6-9 的控制流图

路径 1：1—2—3—4—5—6—7—8

路径 2：1—3—4—5—6—7—8

路径 3：1—2—4—5—6—7—8

路径 4：1—2—3—4—5—8

路径 5：1—2—3—4—5—6—8

知识拓展：独立路径集合并不唯一，遵循下列方法可以简单快捷地找出有效的独立路径集合。

(1) 找出一条最长路径作为主路径，即包含尽可能多的判定结点。例如，上面路径 1(1—2—3—4—5—6—7—8)包含全部 4 个判定结点 1,2,5,6。

(2) 以主路径为基础，修改路径中的一个判定结点走向，并在余下结点中选择最长路径，得到一条新路径。例如，上面路径 2 在主路径 1 的基础上修改了第一个判定结点 1 的走向为 1—3；上面路径 3 在主路径 1 的基础上修改了第二个判定结点 2 的走向为 2—4；上面路径 4 在主路径 1 的基础上修改了第三个判定结点 5 的走向为 5—8；上面路径 5 在主路径 1 的基础上修改了第四个判定结点 6 的走向为 6—8。

(3) 如果存在不被包含在主路径上的判定结点，则从入口处开始找出一条包含该判定结点的最长路径，再以该路径为主路径，重复步骤(2)。

(4) 重复步骤(3)，直到所有判定结点都被路径包含。

勤思敏学 6-8：例 6-9 中，除了上面的 5 条独立路径，还有其他路径吗？如果有，独立路径集合有不同选择吗？

6.8.4　图形矩阵

图形矩阵是在基本路径测试中起辅助作用的软件工具，利用它可以实现自动地确定一个基本路径集，实现设计测试用例分析的自动化或部分自动化。

一个图形矩阵就是一个方阵，其行/列数是控制流图中的结点数，每行和每列依次对应到一个被标识的结点，矩阵元素对应到结点间的连接(即边)。在图中，控制流图的每一个结点都用数字编号加以标识，每一条边可以用字母加以标识，也可以用连接权值标识。如果在

控制流图中第 i 个结点到第 j 个结点有一条边相连接,则在对应的图形矩阵中第 i 行/第 j 列必有一个非空的元素。表 6-14 显示了对应图 6-12 的图形矩阵。

表 6-14　图形矩阵

结点	1	2	3	4	5	6	7	8
1		1	1					
2			1	1				
3				1				
4					1			
5						1		1
6							1	1
7								1
8								

　　表 6-14 的图形矩阵,流图的结点在首行首列以数字编号标识,边用最简单的连接权值(0 或 1)来标识(为清晰起见,表 6-14 中没有画出 0),例如,第三行第四列的数字"1"表示结点 3 到结点 4 有边连接。

　　连接权为"1"表示存在一个连接,在图中如果一行有两个或更多的元素"1",则这行所代表的结点一定是一个判定结点,通过连接矩阵中有两个以上(包括两个)元素为"1"的个数,就可以得到确定该图圈复杂度的另一种算法。例如,第二行中第三列和第四列的数字"1"表示结点 2 是判定结点。从表 6-14 中可以看出,结点 1、结点 2、结点 5、结点 6 都是判定结点,可以根据图形矩阵中判定结点数 4 直接计算出被测试程序的圈复杂度为 5。

　　图形矩阵还可以用于在测试中评估程序的控制结构。如果在矩阵项加入非数字"1"的连接权值,可以为控制流提供更有趣的属性和信息。例如,执行连接(边)的概率、穿越连接的处理时间、穿越连接时所需的内存、穿越连接时所需的资源等。

　　根据表 6-14 的图形矩阵,同样可以找出程序的独立路径集合。

◆ 6.9　白盒测试综合示例

黑盒和白盒
测试的应用

　　白盒测试方法把程序看成装在一个透明的白盒子里,程序的结构和处理过程完全可见,按照程序的内部逻辑测试程序,以检查程序中的每条通路是否都能按照预先要求正确工作。

　　白盒测试技术的运用特点如下。

　　(1)测试对象的内部结构信息是设计测试用例的依据,例如,程序代码和设计架构。

　　(2)测试对象的覆盖率可以通过已有的测试用例来测量,并且可以系统地增加测试用例来提高覆盖率。

　　(3)满足白盒测试的相关测试准则,并不意味整个测试已完成,而只能说明测试对象已不需要基于此技术再进行额外的测试,但是可以继续应用其他测试技术。

　　(4)在测试过程中,测试人员可以根据测试强度的不同,应用各种不同的白盒测试方法。

下面的两个示例说明了白盒测试的具体应用。

例 6-10　根据下面 Java 程序画出流程图和对应的控制流图,并进行判定/条件覆盖测试和基本路径测试。

```java
1    public class Test{
2      public void Sort(int iRecordNum,int iType){
3          int x =0;
4          int y =0;
5          while(iRecordNum-->0){
6          if(iType==0){
7              x = y +2;
8              break;
9          }else{
10          if(iType==1){
11              x = y +10;
12          }else{
13              x = y +20;
14          }
15      } } } }
```

解答:

(1) 程序流程图如图 6-13 所示。

(2) 对应的控制流图如图 6-14 所示。

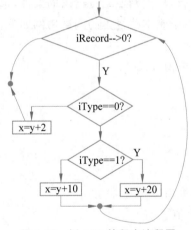

图 6-13　例 6-10 的程序流程图

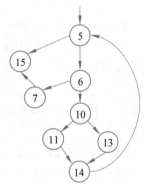

图 6-14　例 6-10 的控制流图

(3) 判定/条件覆盖测试用例设计。

设判定(iRecordNum-->0)取真值时为 R1,取假值时为 -R1,判定(iType==0)取真值时为 R2,取假值时为 -R2,判定(iType==1)取真值时为 R3,取假值时为 -R3,要满足 3 个判定取真和取假都被执行,即 R1R2R3 与 -R1-R2-R3 都被覆盖到即达到了 100% 的判定覆盖。

此例中,所有的判定都只包含一个条件,所以判定覆盖既是条件覆盖,也是判定/条件覆盖。因此,满足判定/条件覆盖的测试用例如表 6-15 所示。

表 6-15 例 6-10 判定/条件覆盖测试用例设计

用 例 编 号	输 入		预 期 输 出	覆 盖 判 定
	iRecordNum	iType		
1	1	1	略	R1—R2R3
2	0	0	略	—R1
3	1	0	略	R1R2—R3

(4) 基本路径测试用例设计。

① 计算圈复杂度。

由图 6-14 控制流图分析得到其圈复杂度为 4,即基本路径集合为 4 条独立路径。

② 找出独立路径集合。

4 条独立路径分别如下。

路径 1:5—6—10—11—14—5—15

路径 2:5—15

路径 3:5—6—7—15

路径 4:5—6—10—13—14—5—15

根据上面的独立路径设计输入数据,使得程序分别执行到上面 4 条路径。

③ 为 4 条独立路径设计测试用例。

为了确保基本路径集中的每一条路径的执行,根据判断结点给出的条件,选择适当的数据以保证某一条路径可以被测试到,满足上面例子基本路径集的测试用例如下。

路径 1:5—6—10—11—14—5—15

- 结点 5 代码 while(iRecordNum-->0),取值 True。
- 结点 6 代码 iType==0,取值 False。
- 结点 10 代码 iType==1,取值 True。
- 结点 11 代码 x=y+10。
- 输入数据:iRecordNum=1,iType=1。

路径 2:5—15

- 结点 5 代码 while(iRecordNum-->0),取值 False。
- 输入数据:iRecordNum≤0 的任何一个值。

路径 3:5—6—7—15

- 结点 5 代码 while(iRecordNum-->0),取值 True。
- 结点 6 代码 iType==0,取值 True。
- 结点 7 代码 x = y + 2。
- 输入数据:iRecordNum=1,iType=0。

路径 4:5—6—10—13—14—5—15

- 结点 5 代码 while(iRecordNum-->0),取值 True。
- 结点 6 代码 iType==0,取值 False。
- 结点 10 代码 iType==1,取值 False。

- 结点 13 代码 x＝y＋20。
- 输入数据：iRecordNum＝1,iType＝2。

最终得到如表 6-16 所示的测试用例表。

表 6-16　foo 函数条件组合覆盖测试用例设计

用 例 编 号	输　　入		预期输出	覆盖路径	覆盖判定
	iRecordNum	iType			
1	1	1	略	路径 1	R1－R2R3
2	0	0	略	路径 2	－R1
3	1	0	略	路径 3	R1R2－R3
4	1	2	略	路径 4	R1－R2－R3

勤思敏学 6-9：例 6-10 中存在不可行路径吗？

例 6-11　根据下面的 Java 程序画出流程图和对应的控制流图,并进行修正判定/条件覆盖测试和基本路径测试。

```
  System.out.println("请输入你的用户名");
1 Scanner scanner =new Scanner(System.in);
2 String username =scanner.nextLine();
3 System.out.println("请输入你的密码");
4 String password =scanner.nextLine();
5 if(username.equals("Dennis")&&password.equals("1")){
6     System.out.println("前台登录成功");
7 }else{
8     System.out.println("前台登录失败");
9 }
10 if(username.equals("A")&&password.equals("1")){
11     System.out.println("后台登录成功");
12 }else{
13     System.out.println("后台登录失败");
14 }
15 System.out.println("程序结束");
```

解答：

(1) 程序流程图如图 6-15 所示。

(2) 控制流图如图 6-16 所示。

图 6-16 中,5(1)和 5(2)分别指第 5 行语句的条件 username.equals("Dennis")和password.equals("1"),10(1)和 10(2)分别指第 10 行语句的条件 username.equals("A")和password.equals("1")。

(3) 修正判定/条件覆盖用例设计。

① 修正判定/条件覆盖执行情况分析。

设前台登录条件(username.equals("Dennis"))取真值时为 T1,取假值时为 F1,(password.equals("1"))取真值时为 T2,取假值时为 F2,后台登录条件(username.equals("A"))取真值时为 T3,取假值时为 F3,(password.equals("1"))取真值时为 T4,取假值时为 F4。

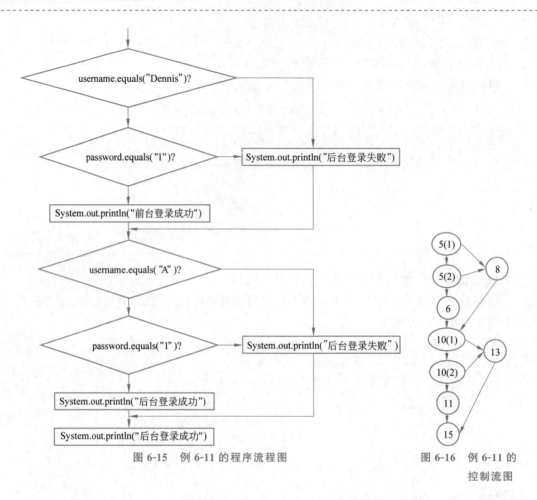

图 6-15　例 6-11 的程序流程图　　　　图 6-16　例 6-11 的
　　　　　　　　　　　　　　　　　　　　　　　　控制流图

使用修正判定/条件覆盖准则测试上述小程序，需要考虑条件（username.equals
("Dennis"))和(password.equals("1"))对判定 username.equals("Dennis")＆＆password.
equals("1")的独立影响，如表 6-17 所示；条件(username.equals("A")) 和 password.equals
("1")对判定 username.equals("A")＆＆password.equals("1")的独立影响，如表 6-18 所示。

表 6-17　前台登录修正判定/条件覆盖分析

编号	username	password	username.equals("Dennis") ＆＆password.equals("1")	username 的独 立影响	password 的独 立影响
1	T1	T2	T	√	√
2	T1	F2	F		√
3	F1	T2	F	√	

表 6-18　后台登录修正判定/条件覆盖分析

编号	username	password	username.equals("A") ＆＆password.equals("1")	username 的独 立影响	password 的独 立影响
1	T3	T4	T	√	√
2	T3	F4	F		√
3	F3	T4	F	√	

② 修正判定/条件覆盖用例设计。

根据上述分析,为该被测小程序设计测试用例如表 6-19 所示。

表 6-19　例 6-11 修正判定/条件覆盖测试用例设计

用例编号	输　入		预期输出	username 独立影响	password 独立影响	覆盖条件	覆盖路径
	username	password					
1	"Dennis"	"1"	略	√前台 √后台	√前台	T1T2F3T4	5-6-10(1)-13-15
2	"Dennis"	"2"	略		√前台	T1F2F3F4	5(1)-5(2)-8-10(1)-13-15
3	"A"	"1"	略	√前台 √后台	√后台	F1T2T3T4	5(1)-8-10-11-15
4	"A"	"2"	略		√后台	F1F2T3F4	5(1)-8-10(1)-13-15

从表 6-19 中可以看出,只需要 4 个测试用例就可以同时达到前台登录和后台登录的修正判定/条件覆盖。

(4) 基本路径测试用例设计。

① 计算圈复杂度。

由图 6-16 控制流图分析得到其圈复杂度为 5,即基本路径集合为 5 条独立路径。

② 找出独立路径集合。

5 条独立路径分别如下。

路径 1:5(1)—5(2)—6—10(1)—13—15

路径 2:5(1)—8—10(1)—13—15

路径 3:5(1)—5(2)—8—10(1)—13—15

路径 4:5(1)—8—10(1)—10(2)—13—15

路径 5:5(1)—8—10(1)—10(2)—11—15

根据上面的独立路径设计输入数据,使得程序分别执行到上面 5 条路径。

③ 为 5 条独立路径设计测试用例。

为了确保基本路径集中的每一条路径的执行,根据判断结点给出的条件,选择适当的数据以保证某一条路径可以被测试到,满足上面例子基本路径集的测试用例如下。

路径 1:5(1)—5(2)—6—10(1)—13—15

- 结点 5(1)代码 if(username.equals("Dennis")),取值 True。
- 结点 5(2)代码 password.equals("1"),取值 True。
- 结点 6 代码 System.out.println("前台登录成功")。
- 结点 10(1)代码 if(username.equals("A")),取值 False。
- 结点 13 代码 System.out.println("后台登录失败")。
- 输入数据:username="Dennis",password="1"。

路径 2:5(1)—8—10(1)—13—15

- 结点 5(1)代码 if(username.equals("Dennis")),取值 False。
- 结点 8 代码 System.out.println("前台登录失败")。
- 结点 10(1)代码 if(username.equals("A")),取值 False。
- 结点 13 代码 System.out.println("后台登录失败")。
- 输入数据:username="D",password="1"。

路径 3：5(1)—5(2)—8—10(1)—13—15

- 结点 5(1)代码 if(username.equals("Dennis")),取值 True。
- 结点 5(2)代码 password.equals("1"),取值 False。
- 结点 8 代码 System.out.println("前台登录失败")。
- 结点 10(1)代码 if(username.equals("A")),取值 False。
- 结点 13 代码 System.out.println("后台登录失败")。
- 输入数据：username＝"Dennis",password＝"2"。

路径 4：5(1)—8—10(1)—10(2)—13—15

- 结点 5(1)代码 if(username.equals("Dennis")),取值 False。
- 结点 8 代码 System.out.println("前台登录失败")。
- 结点 10(1)代码 if(username.equals("A")),取值 True。
- 结点 10(2)代码 password.equals("1"),取值 False。
- 结点 13 代码 System.out.println("后台登录失败")。
- 输入数据：username＝"A",password＝"2"。

路径 5：5(1)—8—10(1)—10(2)—11—15

- 结点 5(1)代码 if(username.equals("Dennis")),取值 False。
- 结点 8 代码 System.out.println("前台登录失败")。
- 结点 10(1)代码 if(username.equals("A")),取值 True。
- 结点 10(2)代码 password.equals("1"),取值 True。
- 结点 11 代码 System.out.println("后台登录成功")。
- 输入数据：username＝"A",password＝"1"。

最终得到如表 6-20 所示的测试用例表。

表 6-20　例 6-11 基本路径测试用例设计

用例编号	输入		预期输出	覆盖路径	覆盖判定
	username	password			
1	"Dennis"	"1"	略	路径 1	T1T2F3T4
2	"D"	"2"	略	路径 2	F1F2F3F4
3	"Dennis"	"2"	略	路径 3	T1F2F3F4
4	"A"	"2"	略	路径 4	F1F2T3F4
5	"A"	"1"	略	路径 5	F1T2T3T4

勤思敏学 6-10：例 6-11 中存在不可行路径吗？表 6-20 中的测试用例满足条件组合覆盖吗？

◇ 6.10　静态白盒测试

静态白盒测试是指在不执行软件的条件下对软件设计、体系结构和代码进行检查和分析,从而找出软件缺陷的过程。

静态白盒测试能尽早发现软件缺陷,以找出动态测试难以发现或者隔离的软件缺陷。

在软件开发过程初期,让测试小组集中精力进行软件设计的审查非常有价值。另外,静态白盒测试结果可用于进一步的查错,为软件的黑盒测试人员在进行测试设计和用例选取时提供指导,使黑盒测试人员不必了解代码的细节,仅通过听审查评论就可以确定有问题或者容易产生软件缺陷的特性范围。

静态白盒测试包括代码检查、静态结构分析、代码质量度量等方法,可以由人工进行,充分发挥人的逻辑思维优势,也可以借助软件工具自动进行。静态白盒测试不运行被测程序本身,仅通过对需求规格说明书、软件设计说明书、源程序做结构分析、流程图分析、符号执行来找错。例如,通过分析或检查源程序的语法、结构、过程、接口等来检查不匹配的参数、不适当的循环嵌套和分支嵌套、不允许的递归、未使用过的变量、空指针的引用和可疑的计算等。

6.10.1 代码检查

代码检查包括代码审查(Code Reading Review)、桌面检查(Desk Checking)、代码走查(Walkthroughs)等,主要检查代码和设计的一致性、代码对标准的遵循、代码的可读性、代码逻辑表达的正确性、代码结构的合理性等方面,可以发现违背程序编写标准的问题,程序中不安全、不明确和模糊的部分,找出程序中不可移植部分、违背程序编程风格的问题,包括变量检查、命名和类型审查、程序逻辑审查、程序语法检查和程序结构检查等内容。

1. 代码审查

代码审查是由若干程序员和测试员组成一个评审小组,通过阅读、讨论和争议,对程序进行静态分析的过程。代码审查分为以下两步。

(1) 小组负责人提前把设计规格说明书、控制流程图、程序文本及有关要求、规范等分发给小组成员作为评审的依据。小组成员在充分阅读这些材料之后,进入审查的第二步。

(2) 召开程序审查会。在会上,首先由程序员逐句解释程序的逻辑。在此过程中,程序员或其他小组成员可以提出问题,展开讨论,审查错误是否存在。

实践表明,程序员在审查会上能发现许多原来自己没有发现的错误,而讨论和争议则促进了问题的暴露。例如,对某个局部性小问题修改方法的讨论,可能发现与之牵连的其他问题,甚至涉及模块的功能说明、模块间接口和系统总体结构的大问题,从而导致对需求的重定义、重设计和重验证,进而大大改善软件质量。

2. 桌面检查

由程序员检查自己编写的程序。程序员在程序通过编译之后,进行单元测试之前,对源程序代码进行分析、检验,并补充相关的文档,目的是发现程序中的错误。检查项目有:局部变量、全局变量与特权变量的使用;验证所有标号的正确性;检验子程序、宏、函数调用序列中调用方式与参数顺序、个数、类型上的一致性;检查全部等价变量的类型的一致性;常量使用的正确性;程序风格;比较由程序员设计的控制流图和由实际程序生成的控制流图;选择控制流图中的激活路径集,保证源程序模块的每行代码都得到检查;补充文档等。

3. 代码走查

代码走查和代码审查类似,先把材料发给走查小组每个成员,让他们认真研究程序,然后再开代码走查会议。会议的程序与代码审查不同,不是简单地读程序和对照错误检查表进行检查,而是让与会者"充当"计算机,即首先由测试组成员为所测试程序准备一批有代表性的测试用例,提交给走查小组。代码走查会议上,与会者集体扮演计算机角色,让测试用例沿程序的逻辑运行一遍,随时记录程序的踪迹,供分析和讨论用。

6.10.2　静态结构分析

静态结构分析主要是以图形的方式表现程序的内部结构,例如,函数调用关系图、函数内部控制流图。

静态结构分析是测试者通过使用测试工具分析程序源代码的系统结构、数据结构、数据接口、内部控制逻辑等内部结构,生成函数调用关系图、模块控制流图、内部文件调用关系图等各种图形图表,清晰地标识整个软件的组成结构,便于理解,通过分析这些图表,检查软件有没有存在缺陷或错误。静态结构分析包括控制流分析、数据流分析、接口分析、表达式分析。

函数调用关系图是通过应用程序各函数之间的调用关系展示系统的结构,列出所有函数,并用连线表示调用关系和作用。静态结构主要分析如下内容。

(1) 检查函数的调用关系是否正确。

(2) 是否存在孤立的函数而没有被调用。

(3) 明确函数被调用的频度,对调用频繁的函数可以重点检查。

(4) 编码的规范性。

(5) 资源是否释放。

(6) 数据结构是否完整和正确。

(7) 是否有死代码和死循环。

(8) 代码本身是否存在明显的效率和性能问题。

(9) 类和函数的划分是否清晰、易理解。

(10) 代码是否有完善的异常处理和错误处理。

函数内部控制流图是与程序流程图相类似的由许多结点和连接结点的边组成的一种图形,其中一个结点代表一条语句或数条语句,边代表结点间控制流向,它显示了一个函数的内部逻辑结构。模块控制流图可以直观地反映出一个函数的内部逻辑结构,通过检查这些模块控制流图,能够快速发现软件的错误与缺陷。

6.10.3　静态测试工具

常见的静态测试工具有 FindBugs、Cppcheck、PC-Lint、Klocwork 等,这些测试工具不仅可以进行全方位的代码检查,还可以进行深入的静态结构分析。

FindBugs 是由 Bill Pugh 和 David Hovemeyer 创建的开源程序,用来查找 Java 代码中的程序错误。FindBugs 使用静态分析来识别 Java 程序中上百种不同类型的潜在错误。潜在错误可分为 4 个等级:恐怖的(scariest)、吓人的(scary)、令人困扰的(troubling)和值得关注的(of concern),这是根据潜在错误可能产生的影响或严重程度而对开发者的提示。

Cppcheck 和 PC-Lint 是 C/C++ 代码缺陷静态检查工具。Cppcheck 对产品的源代码执行严格的逻辑检查,它作为编译器的一种补充,只检查编译器检查不出来的 bug,不检查语法错误。PC-Lint 能够在 Windows、MS-DOS 和 OS/2 平台上使用,它不仅能够对程序进行全局分析,识别没有被适当检验的数组下标,报告未被初始化的变量,警告使用空指针以及冗余的代码,还能够有效地提出许多程序在空间利用、运行效率上的改进点。

Klocwork 是一款现代化的 C/C++ /Java/JS/C♯ 代码质量静态检测工具,利用领先的深度数据流分析技术,静态地跨类、跨文件地查找软件运行时缺陷、错误和安全漏洞,并准确定位错误发生的代码堆栈路径。结合对代码的编写规范、安全性和结构等问题的检测,Klocwork 从项目的早期开始就能快速提高代码质量。Klocwork 支持包括瀑布、敏捷、DevOps/DevSecOps 等多种开发模式,符合常见的研发标准的要求,可以与软件开发和测试过程无缝集成,并覆盖整个研发流程,分析过程可以定时或者按需完全自动化地在 Klocwork Server 端完成,然后将测试结果实时发布给使用团队,所有的测试结果、质量趋势和修复情况都可以在 Klocwork 的报告平台上进行查看和跟踪。

◇ 6.11　白盒测试小结

白盒测试是软件测试的主要方法之一,测试应用程序的内部结构或运作,而不是测试应用程序的功能(即黑盒测试)。进行白盒测试时,测试者了解待测试程序的内部结构、算法等信息,以编程语言的角度来设计测试用例对程序进行测试。

白盒测试也分为静态白盒测试和动态白盒测试两种。静态白盒测试是在不执行程序的条件下审查软件设计、体系结构和代码,找出软件缺陷;动态白盒测试是指利用查看代码功能(作什么)和实现方式(怎么做)得到的信息来开展测试,并通过执行程序来验证。

动态白盒测试有六种覆盖指标,分别是语句覆盖、判定覆盖、条件覆盖、判定/条件覆盖、条件组合覆盖、基本路径覆盖。这六种覆盖指标的关系如图 6-17 所示(图中的"基本路径覆盖"指只包含单条件判定情况下的基本路径覆盖测试)。

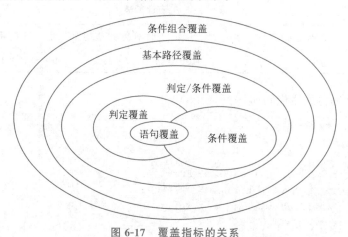

图 6-17　覆盖指标的关系

　　习　　　题

一、判断题

1. 白盒测试的条件覆盖标准强于判定覆盖。　　　　　　　　　　　　　　　　(　　)

2. 只要能够达到 100% 的逻辑覆盖率,就可以保证程序的正确性。　　　　　　(　　)

3. 白盒测试又称逻辑驱动测试。　　　　　　　　　　　　　　　　　　　　(　　)

4. 白盒测试又称基于程序的测试。　　　　　　　　　　　　　　　　　　　(　　)

5.白盒测试又称结构测试。　　　　　　　　　　　　　　　　　　　　（　　）

二、选择题

1.如果某测试用例集实现了某软件的路径覆盖,那么它一定同时实现了该软件的（　　）。

　　A.判定覆盖　　　　　　　　　　　　B.条件覆盖

　　C.判定/条件覆盖　　　　　　　　　　D.组合覆盖

2.使用白盒测试方法时,确定测试数据的依据是指定的覆盖标准和（　　）。

　　A.程序的注释　　　　　　　　　　　B.程序的内部逻辑

　　C.用户使用说明书　　　　　　　　　D.程序的需求说明

3.一个程序中所含有的路径数与（　　）有着直接的关系。

　　A.程序的复杂程度　　　　　　　　　B.程序语句行数

　　C.程序模块数　　　　　　　　　　　D.程序指令执行时间

4.在下面所列举的逻辑测试覆盖中,测试覆盖最弱的是（　　）。

　　A.条件覆盖　　　　　　　　　　　　B.条件组合覆盖

　　C.语句覆盖　　　　　　　　　　　　D.判定覆盖

5.白盒测试的测试数据是根据（　　）来设计的。

　　A.应用范围　　　B.规格说明书　　　C.内部逻辑　　　D.结构

三、简答题

1.某公司在每小时基本工资 g 的基础上根据工时 h 计算工资,具体见表 6-21。

表 6-21　工资计算表

工时	不足 40 工时	足 40 工时不足 50 工时	足 50 工时不足 60 工时
工资	$0.7g$	$40g+(h-40)\times 1.5g$	$40g+10\times 1.5g+(h-50)3g$

某同学为此编写程序代码如下。

```
1    #include <stdio.h>
2    void main()
3    {
4        float h; float g; float sum; sum=0.0;
5        printf("请输入小时工资和工作小时数: ");
6        scanf("%f",&h); scanf("%f",&g);
7        if(h>0 && h<40)
8            sum=0.7*h*g;
9        else if (h>40 && h<50)
10           sum=40*g+(h-40)*1.5*g;
11       else if(h>=50 && h<=60)
12           sum=40*g+10*1.5*g+(h-50)*3*g;
13   printf("%f",sum);
14   }
```

　　请使用判定/条件覆盖、修正判定/条件覆盖、基本路径测试方法设计测试用例测试该程序,找到程序中的缺陷并纠正缺陷。

　　2.请使用基本路径测试方法对下列程序进行测试。

```
1   public int binSearch(int arr[], int objectValue) {
2       int left =0;
3       int right =arr.length -1;
4       int mid;
5       while (left <right) {
6           mid =(right -left) / 2 +left;
7               if (arr[mid] ==objectValue) {
8                   return mid;
9               } else if (objectValue <arr[mid]) {
10                  right =mid -1;
11              } else {
12                  left =mid +1;
13                  }
14              }
15      return -1;
16  }
```

第7章

软件测试阶段

本章内容

- 单元测试目标、内容、环境和策略
- 集成测试目标、内容、环境和策略
- 系统测试目标
- 验收测试策略

学习目标

(1) 了解单元测试、集成测试的目标、内容和环境。

(2) 掌握单元测试、集成测试的策略。

(3) 理解系统测试目标。

(4) 了解验收测试策略。

单元测试

◇ 7.1 单 元 测 试

单元测试是针对程序模块,进行正确性检验的测试。其目的在于发现各模块内部可能存在的各种差错。单元测试需要从程序的内部结构出发设计测试用例,多个模块可以平行地独立进行单元测试。

7.1.1 单元测试定义

单元测试(Unit Testing),是指对软件中的最小可测试单元在与程序其他部分相隔离的情况下进行检查和验证的工作,主要检查被测单元在语法和逻辑上的错误。

单元是软件设计中最小的但可独立运行的单位,通常具有以下特征。

(1) 单元应该是可测试的,可重复执行的。

(2) 有明确的功能定义。

(3) 有明确的性能定义。

(4) 有明确的接口定义,不会轻易地扩展到其他单元。

一般来说,要根据实际情况判定单元测试中单元的具体含义,如 C 语言中单元指一个函数,Java 中单元指一个类,图形化的软件中单元可以指一个窗口或一个菜单等。总的来说,单元就是人为规定的最小的被测功能模块。单元测试是在软件开发过程中要进行的最低级别的测试活动,软件的独立单元将在与程序的其他部分相隔离的情况下进行测试。

7.1.2　单元测试目标

单元测试的主要目标是确保被测软件单元被正确地编码,结构上可靠且健全,并且能够在所有条件下正确响应。单元测试的目标可具体描述如下。

(1) 信息正确地流入和流出被测软件单元。

(2) 被测软件单元运行时,其内部数据能保持完整性,即数据的形式、内容及相互关系不发生错误。

(3) 被测软件单元运行时,全局变量在软件单元中的处理和影响不发生错误。

(4) 在边界地区,软件单元运行能得到正确的结果。

(5) 被测软件单元的运行能覆盖所有执行路径。

(6) 被测软件单元运行出错时,错误处理措施有效。

单元测试的重要意义如下。

(1) 可能最早发现软件 Bug,并且付出很低的成本进行修改。

(2) 经过测试的单元会使得系统集成过程大大简化,开发人员可以将精力集中在单元之间的交互作用和全局的功能实现上。

(3) 单元测试是其他测试的基础,能发现后期测试很难发现的代码中的深层次问题,好的单元测试是后期测试顺利进行的保障。

(4) 单元测试大多由程序员来完成,因此程序员会有意识地将单元软件单元代码写得便于测试和调用,有助于提高代码质量。

7.1.3　单元测试内容

单元测试的主要内容有模块接口测试、局部数据结构测试、路径测试、错误处理测试、边界测试等。

(1) 模块接口测试:对通过被测模块的数据流进行测试。为此,对模块接口,包括参数表、调用子模块的参数、全程数据、文件输入/输出操作都必须检查。

(2) 局部数据结构测试:设计测试用例检查数据类型说明、初始化、默认值等方面的问题,还要查清全程数据对模块的影响。

(3) 路径测试:选择适当的测试用例,对模块中重要的执行路径进行测试。对基本执行路径和循环进行测试可以发现大量路径错误。

(4) 错误处理测试:检查模块的错误处理功能是否包含错误或缺陷。例如,是否拒绝不合理的输入;出错的描述是否难以理解、是否对错误定位有误、是否出错原因报告有误、是否对错误条件的处理不正确;在对错误处理之前错误条件是否已经引起系统的干预等。

(5) 边界测试:要特别注意数据流、控制流中刚好等于、大于或小于确定的比较值时出错的可能性。对这些地方要仔细地选择测试用例,认真加以测试。

此外,如果对模块运行时间有要求,还要专门进行关键路径测试,以确定最坏情况下和平均意义下影响模块运行时间的因素。这类信息对进行性能评价是十分有用的。

7.1.4　单元测试环境

通常,单元测试在编码阶段进行。在源程序代码编制完成,经过评审和验证,确认没有语法错误之后，就开始进行单元测试的测试用例设计。利用设计文档，设计可以验证程序功能、找出程序错误的多个测试用例。对于每一组输入，应有预期的正确结果。

程序中的模块并不是一个独立的程序，在考虑测试模块时，同时要考虑它和外界的联系，用一些辅助模块模拟与被测模块相联系的其他模块。这些辅助模块分为两种：驱动模块和桩模块。

驱动模块：相当于被测模块的主程序。它接收测试数据，把这些数据传送给被测模块，最后输出实测结果。

桩模块：用以代替被测模块调用的子模块。桩模块可以做少量的数据操作，不需要把子模块所有功能都带进来，但不允许什么事情也不做。

被测模块、与它相关的驱动模块及桩模块共同构成了一个"测试环境"，如图 7-1 所示。其中，驱动模块和桩模块是为了单元测试而开发的，在软件开发结束后不再使用，因此驱动模块和桩模块的设计要尽量简单，避免增加新的错误而干扰被测软件单元的运行及测试结果判断。

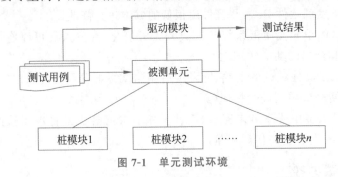

图 7-1 单元测试环境

如果一个模块要完成多种功能，且以程序包或对象类的形式出现，例如，Ada 中的包、Modula 中的模块、C++ 中的类，这时可以将这个模块看成由几个小程序组成。对其中的每个小程序先进行单元测试要做的工作，对关键模块还要做性能测试。

7.1.5 单元测试策略

单元测试采取白盒测试技术为主，黑盒测试技术为辅的方法。首先对被测软件单元进行静态分析和代码审查，然后动态跟踪，即先进行被测软件单元代码的语法检查，再进行逻辑检查。

1. 单元测试中的静态测试

静态测试是在不运行被测软件单元的情况下，通过人工分析其静态特性，即检查和评审软件单元代码，并对外部接口和关键代码进行桌面检查和代码审查来发现错误。静态测试的项目主要如表 7-1 所示。

表 7-1 单元测试中的静态测试

静态测试项目	备　注
检查软件单元的逻辑正确性	所编写的代码算法、数据结构定义（如队列、堆栈等）是否实现了所要求的功能
检查软件单元接口的正确性	单元接口的参数个数、数据类型、顺序是否正确；单元接口的返回值类型及返回值是否正确

静态测试项目	备　　注
检查输入参数的正确性	输入参数个数、数据类型、顺序是否正确
检查调用其他方法接口的正确性	检查实参类型、传入的参数值、个数是否正确;返回值是否正确,有没有误解返回值
检查出错处理	软件单元代码是否能预见出错的条件,并设置适当的出错处理
检查表达式、SQL语句的正确性	检查所编写的 SQL 语句的语法、逻辑的正确性;表达式不含二义性
检查常量或全局变量使用的正确性	确定常量或全局变量的取值和数值、数据类型;保证常量引用时的取值、数值和类型的一致性
检查标识符定义的规范一致性	保证标识符能够见名知意、简洁规范、容易记忆;保证用相同的标识符代表相同功能
检查程序风格是否一致、规范	程序风格的一致性、规范性是否符合《软件编码规范》
检查代码是否可以优化、算法效率能否提高	语句是否可以优化,循环是否必要,循环中的语句是否可以抽到循环之外等
检查函数内部注释	函数内部注释是否完整,是否清晰简洁;是否正确地反映了代码的功能;是否做了多余的注释

2. 单元测试中的动态测试

动态测试通常采用白盒测试技术,主要完成以下三项工作。

(1) 设计测试用例:一般采用逻辑覆盖法和基本路径法进行设计。

(2) 设计测试类模块:被测软件单元并不是一个独立的程序,测试时要考虑测试它与外界的联系,设计辅助模块去模拟与被测软件单元相联系的其他软件单元,如前述驱动模块和桩模块。

(3) 跟踪调试:测试类设计完成后,借助代码排错工具跟踪调试待测代码段以深入地检查代码的逻辑错误。

对被测软件单元进行白盒测试,主要进行如下检查。

(1) 对软件单元内所有独立的执行路径至少测试一次。

(2) 对所有的逻辑判定,取"真"与"假"的两种情况都至少执行一次。

(3) 在循环的边界和运行界限内执行循环体。

(4) 测试内部数据的有效性等。

此外,如果被测单元具有完整的功能,那么动态跟踪也需要使用黑盒测试对被测软件单元的功能需求和性能进行检验。测试过程如下。

(1) 分析规格说明。

(2) 选择正常输入检查软件单元是否正确实现功能设计,选择非正常输入检查软件单元能否正确处理。

(3) 根据输入数据确定被测软件单元的预期输出。

(4) 设计并执行测试用例,比较实际结果和预期结果。

（5）确定被测软件单元是否符合规格说明。

（6）选择单元测试工具进行回归测试。

3. 单元测试人员

（1）开发人员：单元测试采用白盒测试技术为主，要深入被测软件单元代码，同时还要构造驱动模块、桩模块，具有较强的开发能力和对代码最为熟悉的编程人员或设计人员具有很大的优势。

（2）测试人员：测试人员质量意识要高于开发人员，测试人员参与单元测试能够提高测试质量；参与单元测试，将使得测试人员能够从代码开始熟悉被测系统，有利于后期的集成测试和系统测试活动。

集成测试概述

◆ 7.2 集 成 测 试

7.2.1 集成测试定义

集成测试又称为组装测试或联合测试，指检查软件组成的各个单元聚合后其接口是否存在问题。它可以看作单元测试的逻辑扩展，其最简单的形式是：把两个通过单元测试的单元组合成一个模块，测试它们之间的接口。

集成测试是软件测试中不可或缺的阶段，具有重要的意义。

（1）对于软件单元间接口信息的正确性、相互调用关系是否符合设计等问题，单元测试无法完成，只能依靠集成测试来进行。

（2）集成测试用例是从程序结构出发的，目的性、针对性更强，定位问题的效率更高。

（3）集成测试是可重复的且对测试人员而言是透明的，因此发现问题后较容易定位，有利于加快测试的进度。

7.2.2 集成测试目标

集成测试通常有三个层次：模块内集成测试、子系统内集成测试和子系统间集成测试，如图 7-2 所示。

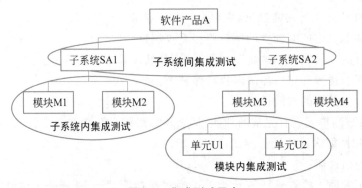

图 7-2 集成测试层次

无论是哪个层次的集成测试，都是将被测单元按照设计要求组装起来的测试活动，其主要目标是发现以下问题。

（1）把各个被测单元连接起来，验证它们相互调用时，数据经过接口时是否会丢失。

（2）一个被测单元的功能是否会对另一个被测单元的功能产生影响。

（3）把各个被测单元的功能组合起来，验证是否能达到预期的总体功能。

（4）全局的数据结构是否有问题。

（5）共享资源访问是否存在问题。

（6）每个被测单元的误差累加起来后是否会放大到无法接受的程度。

7.2.3　集成测试内容

集成测试的内容包括模块之间接口以及集成后的功能。集成测试主要使用黑盒测试方法测试集成的功能，并对以前的集成进行回归测试。具体来说，集成测试的内容包括以下几个方面。

1. 集成功能测试

（1）测试对象的各项功能是否实现。不仅要检查集成单元功能是否实现以及集成后的模块、子系统或系统的总体功能是否实现，还要考察在实现集成后的复杂功能时是否衍生或增加了不需要的、错误的功能。

（2）是否有针对异常情况的相关错误处理措施。

（3）模块间的协作是否高效合理。

2. 接口测试

模块间的接口问题是集成测试的最主要内容。

（1）针对函数接口，测试主要关注函数接口参数的类型和个数、输入/输出属性和范围的一致性。

（2）针对消息接口，测试主要关注消息的发送和接收双方对消息参数的定义是否一致、消息和消息队列长度是否满足设计要求、消息的完整性如何、消息的内存是否在发送过程中被非法释放、有无对消息队列阻塞进行处理等。

3. 全局数据结构测试

全局数据结构通常存在着被非法修改的风险，因此集成测试应针对全局数据结构开展如下检查。

（1）全局数据结构的值在任意两次被访问的间隔是否可预知。

（2）全局数据结构的各个数据段的内存是否被错误释放。

（3）多个全局数据结构间是否存在缓存越界。

（4）多个软件单元对全局数据结构的访问是否采用相关保护机制。

4. 资源测试

对资源的测试分为两个方面：共享资源测试和资源极限使用测试。共享资源测试主要包括：

（1）共享资源是否存在被死锁的现象。

（2）共享资源是否存在被过度利用的情况。

（3）是否存在对共享资源的破坏性操作。

（4）共享资源访问机制是否完善。

资源极限使用测试关注系统资源的极限使用情况、资源极限使用时的处理，目的是避免软件系统在资源耗尽的情况下出现系统崩溃。

5. 性能测试

根据测试对象的需求和软件设计中的要求,对测试对象的性能指标,包括时间特性、资源特性等进行测试,以便及时发现性能瓶颈。

6. 稳定性测试

集成测试中的稳定性测试主要检查测试对象长期运行后的情况。

(1) 测试对象长期运行是否导致资源耗竭。

(2) 测试对象长期运行后是否出现性能的明显下降。

(3) 测试对象长期运行是否出现任务挂起。

7.2.4 集成测试环境

集成测试需要引入辅助模块模拟与集成模块、子系统或系统关联的具有驱动能力的模块、下级子模块、监控穿越模块间接口数据流的监控程序模块,如图 7-3 所示。

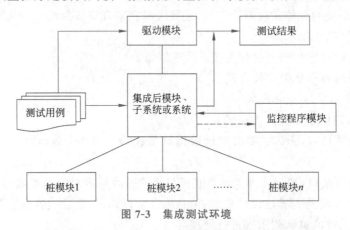

图 7-3　集成测试环境

(1) 驱动模块。模拟被测试集成模块、子系统或系统的上级模块,接收测试数据,并把测试数据传送给被测软件单元,最后再输出测试结果。由于测试模块、子系统或系统是由软件单元集成而得,除了组成的各个单元外,没有其他测试对象之外的接口,因此可以重用单元测试中的驱动模块。

(2) 桩模块:模拟由被测试集成模块、子系统或系统调用的下级子模块,同样可以重用单元测试中的桩模块。

(3) 监控模块:用于读取和记录测试模块、子系统或系统之间的数据流情况。

集成测试
策略

7.2.5 集成测试策略

集成测试首先需要完成的是模块分析,即如何合理地划分测试模块,这将直接影响到集成测试工作量、进度和质量。通常,测试模块的划分应遵循以下原则。

(1) 根据本次测试的目的确定测试模块。

(2) 集成与该模块最紧密的模块。

(3) 该模块的外围模块与集成模块之间的通信应该是易于模拟和控制的。

根据划分后模块的业务复杂程度和功能的重要性,可以将测试模块分为高危模块、一般模块和低危模块,其中,高危模块应该被优先测试。

测试模块划分完成后,就可以进行集成测试了。集成测试的基础策略有很多,通常分为两种:非增量式集成测试和增量式集成测试。

1. 非增量式集成测试

非增量式集成测试方案的思路是先对所有要集成的模块进行个别的单元测试后,按程序结构图将各模块连接起来,把连接后的程序当作一个整体进行测试,即先分散测试,再集中起来一次完成集成测试。典型的测试方法是大爆炸集成(Big-bang Integration)测试。

2. 增量式集成测试

增量式集成测试方案的思路是逐步把下一个要被组装的软件单元,同已测试好的模块结合起来测试,即逐步集成、逐步测试。

1) 自顶向下集成测试

根据自顶向下的集成模式进行,即从最顶层模块(主控模块)开始,按软件结构图自上而下地逐渐加入下层模块。

(1) 以主控模块作为测试驱动模块,把对主控模块进行单元测试时引入的所有桩模块用实际模块代替。

(2) 依据所选择的集成策略(深度优先或广度优先),每次只替代一个桩模块。

(3) 每集成一个模块就测试一遍。

(4) 在每组测试完成后,再开始集成下一个桩模块。

(5) 不断地进行回归测试,直到整个系统结构被集成完成。

例 7-1　某软件产品 A 的组成如图 7-4 所示,请使用自顶向下集成测试方法对其进行集成测试。

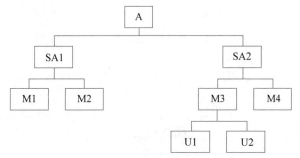

图 7-4　软件产品 A 的组成

解答:

自顶向下集成测试要求首先集成顶层的组件,然后逐步集成处于底层的组件,最终得到要求的软件系统。自顶向下集成测试时被测单位的集成顺序可采用深度优先和广度优先两种策略。本例中采用深度优先的顺序进行自顶向下集成测试,如图 7-5 所示。

图 7-5 中,结点 s1~s7 是指集成测试过程中加入的桩模块。从图 7-5 中可以看出,自顶向下集成测试过程中需要设计和实现大量桩模块。

自顶向下集成测试优点:在测试过程中较早地验证了主要的控制和判断点;如果选用按深度方向组装的方式,可以首先实现和验证一个完整的软件功能;功能可行性较早得到证实,能够给开发者和用户带来成功的信心;最多只需一个驱动,减少了驱动器开发的费用;支持故障隔离。

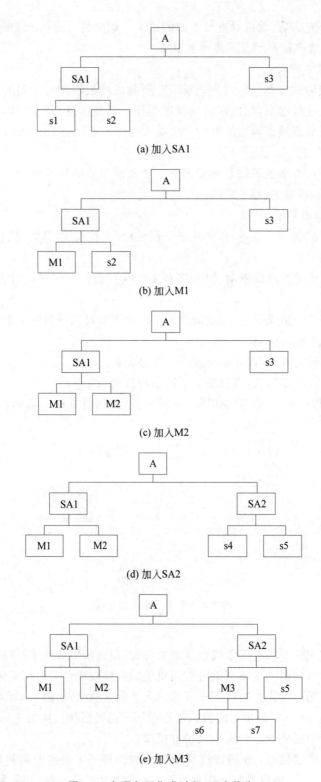

(a) 加入SA1

(b) 加入M1

(c) 加入M2

(d) 加入SA2

(e) 加入M3

图 7-5　自顶向下集成过程（深度优先）

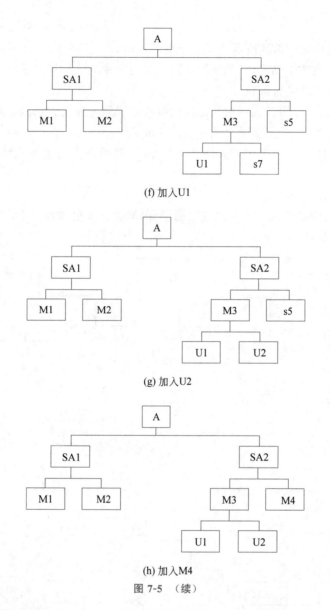

(f) 加入U1

(g) 加入U2

(h) 加入M4

图 7-5 （续）

自顶向下集成测试缺点：桩的开发和维护是本策略的最大成本；底层组件行为的验证被推迟了；随着底层组件的不断增加，整个系统越来越复杂，导致底层组件的测试不充分，尤其是那些被重用的组件。

勤思敏学 7-1：如果采用广度优先的顺序对例 7-1 进行自顶向下集成测试，集成过程会有什么不同？

自顶向下集成测试适用范围：产品控制结构比较清晰和稳定；产品的高层接口变化较小；产品的底层接口未定义或经常可能被修改；产品的控制组件具有较大的技术风险，需要尽早被验证；希望尽早能够看到产品的系统功能行为。

2）自底向上集成测试

根据自底向上的集成模式进行，即从最底层模块开始，按软件结构图自下而上地逐渐加入上层模块。因为测试到较高层模块时，所需的下层模块功能均已具备，所以不再需要桩模块。具体步骤如下。

（1）把低层模块组织成实现某个子功能的模块群。

（2）开发一个测试驱动模块,控制测试数据的输入和测试结果的输出。

（3）对每个模块群进行测试。

（4）删除驱动模块,用较高层模块把模块群组织成为完成更大功能的新模块群。

（5）重复上述各步骤,直至整个系统集成完成。

例 7-2 某软件产品 A 的组成如图 7-4 所示,请使用自底向上集成测试方法对其进行集成测试。

解答:

自底向上集成测试要求首先集成底层的组件,然后逐步集成处于上层的组件,最终得到要求的软件系统,如图 7-6 所示。

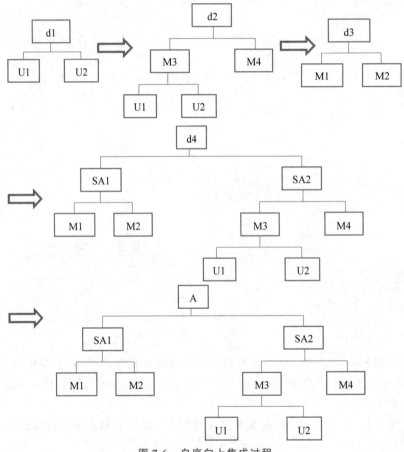

图 7-6 自底向上集成过程

图 7-6 中,结点 d1～d4 是指集成测试过程中加入的驱动模块。从图 7-6 中可以看出,自底向上集成测试过程中需要设计和实现大量驱动模块。

自底向上集成测试优点:允许对底层组件的早期验证,可以在任何一个叶子结点已经就绪的情况下进行集成测试;在工作的最初可能会并行进行集成,在这一点上比使用自顶向下的策略效率高;减少了桩的工作量,毕竟在集成测试中,桩的工作量远比驱动的工作量要大得多,但是为了模拟一些中断或异常,可能还是需要设计一定的桩;该方法支持故障隔离。

自底向上集成测试缺点:驱动的开发工作量很庞大;对高层的验证被推迟到了最后,设计上的错误不能被及时发现,尤其是对于那些控制结构在整个体系中非常关键的产品。

自底向上集成测试适用范围:底层接口比较稳定、变动较少的产品;高层接口变化比较频繁的产品;底层组件较早被完成的产品。

3) 三明治集成测试

在实际中测试通常是结合了自顶向下和自底向上这两种方法,称作混合式集成测试(mixed testing),也称作三明治集成测试(sandwich testing)。在由几个小组一起开发的大的软件项目中,或者一个小项目但不同模块是由不同的人员进行构建的情况下,小组或个人可以对自己开发的模块采用自底向上测试,然后再由集成小组进行自顶向下测试。

三明治集成测试步骤如下。

(1) 确定以哪一层为界来决定使用三明治集成策略。

(2) 对分界模块及其所在层下面的各层模块使用自底向上的集成策略。

(3) 对分界模块所在层上面的各层模块使用自顶向下的集成策略。

(4) 把分界模块所在层各模块同相应的下层模块集成。

(5) 对系统进行整体测试。

三明治集成测试集合了自顶向下和自底向上两种集成测试策略的优点,大部分软件开发项目都可以使用它进行集成测试。

3. 集成测试人员

集成测试人员通常由以下人员构成。

(1) 系统分析设计人员:对需求和设计进行跟踪、分析,以确定集成测试的对象、范围和方法。

(2) 开发人员:参与集成测试计划的制定、集成测试方案的评审及集成测试报告的审核,即主要配合测试代码设计和实现,完成白盒测试的内容。

(3) 测试人员:制定集成测试计划、集成测试方案并组织评审,执行集成测试并完成集成测试报告及组织评审。

(4) 质量保证(QA)人员:负责集成测试过程质量保证,参与相关评审工作。

◆ 7.3　系 统 测 试

7.3.1　系统测试定义

系统测试是指将已经集成好并通过集成测试的软件系统,作为整个计算机系统的一个元素,与计算机硬件、外设、某些支持软件、数据和人员等其他系统元素结合在一起,在实际运行环境下,对计算机系统进行一系列的整体测试和确认测试。

系统测试的测试对象不仅包括需测试的软件,还要包含软件所依赖的硬件、外设,甚至某些数据、某些支持软件及其接口等。

系统测试是软件测试中资源消耗最多、持续时间较长的一个环节,其中大部分测试工作量主要分配在测试被测软件系统与计算机系统中其他组成部分的协同工作方面。

7.3.2　系统测试目标

系统测试的目标包括如下几个方面。

（1）根据系统的功能和性能需求进行的测试，发现系统的缺陷并度量产品质量。

（2）检验所开发的软件系统是否按软件需求规格说明中确定的软件功能、性能、约束及限制等技术要求进行工作。

（3）将系统中的软件与各种依赖的相关资源结合起来，在系统实际运行环境下验证其是否能协调工作。

（4）从用户的角度出发，验证被测软件系统是否满足用户使用需求。

7.3.3　系统测试内容

系统测试主要包括功能测试、性能测试、强度测试、安全性测试、可靠性测试、恢复性测试、兼容性测试等。

（1）功能测试：是系统测试中要进行的最基本的测试。主要是根据产品的需求分析说明书和测试需求列表，验证产品是否符合产品的需求规格。

（2）性能测试：通常从三个方面进行性能测试：应用在客户端性能的测试、应用在网络上性能的测试和应用在服务器端性能的测试。应用在客户端性能的测试目的是考察客户端应用的性能，包括并发性能测试、疲劳强度测试、大数据量测试和速度测试等。应用在网络上性能的测试包括进行网络应用性能监控、网络应用性能分析和网络预测。应用在服务器端性能的测试目的是发现系统的瓶颈，即实现服务器设备、服务器操作系统、数据库系统、应用在服务器上性能的全面监控。

（3）强度测试：又称压力测试，是在各种资源超负荷情况下观察系统的运行情况。

（4）安全性测试：主要验证系统内的保护机制能否抵御入侵者的攻击。通常可以从有效性、生存性、精确性、出错反应时间及吞吐量等方面来评价系统的安全。

（5）恢复性测试：验证系统从软件或者硬件失败中恢复的能力。在测试过程中采取各种人工干预方式使软件出错而不能正常工作，进而检验系统的恢复能力。

（6）健壮性测试：又称容错性测试。主要是测试系统在出现故障时，是否能够自动恢复或者忽略故障继续运行。

（7）兼容性测试：检验被测软件系统对其他应用或者系统的兼容性。

（8）面向用户应用的测试：主要是从用户的角度检查被测软件系统对用户支持的情况。

（9）其他系统测试：如分布式系统中协议一致性测试、容量测试、备份测试、可安装性测试、文档测试、在线帮助测试等。

7.3.4　系统测试环境

相对于单元测试和集成测试而言，其测试环境涵盖了硬件环境、软件环境和网络环境三个部分，如图 7-7 所示。

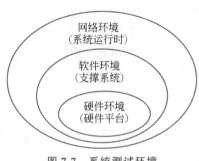

图 7-7　系统测试环境

7.3.5　系统测试过程

系统测试是一种可验证完整性且完全集成的软件产品的测试类型。系统测试过程包括以下几个阶段。

(1) 系统测试计划阶段：进行系统测试分析，制定测试计划。

(2) 系统测试设计阶段：对系统进行详细的测试分析，需要设计一些典型的、满足测试需求的测试用例并同时给出系统测试的大致过程。

(3) 系统测试实施阶段：使用当前的软件版本进行测试脚本的录制工作，确定软件的基线。

(4) 系统测试执行阶段：根据系统测试计划和事先设计好的系统测试用例，按一定测试规程实施测试。

(5) 系统测试评估阶段：对测试结果进行评估，以确定系统是否通过测试。

7.3.6　系统测试人员

系统测试人员通常由以下人员构成。

(1) 系统分析设计人员：确定系统测试的对象、范围和方法。

(2) 软件测试人员：制定系统测试计划、系统测试方案、实现测试用例的设计等并组织评审，执行系统测试并完成系统测试报告及评审工作。

(3) 质量保证(QA)人员：负责系统测试过程质量保证，参与相关评审工作。

◆ 7.4　验 收 测 试

验收测试

7.4.1　验收测试定义

验收测试是部署软件之前的最后一项测试，是软件产品完成系统测试之后，产品发布之前所进行的软件测试活动。它主要检验软件产品和产品需求规格说明书是否一致，因此也称为交付测试。此外，验收测试通常需要用户参与测试过程，在用户实际使用的运行环境下进行测试，有时又被称为现场测试。

验收测试应满足以下条件。

(1) 软件产品已经通过单元测试、集成测试和系统测试各项内部测试，发现了软件错误并完成修正。

（2）软件产品已经试运行了预定的时间。

（3）测试应站在用户使用和业务场景的角度，而不是开发者的角度。

（4）验收测试应尽可能在用户实际使用的真实环境下进行。

（5）完成验收测试相关准备工作。

7.4.2　验收测试内容

验收测试的主要内容包括制定验收测试标准、配置项复审及实施验收测试三个部分。

1. 制定验收测试标准

1）软件功能测试

软件的安装、卸载测试，即软件产品是否能够成功地安装和卸载；需求规格说明书中的所有功能测试及边界值测试；软件的运行是否与需求规格说明书中描述相互一致；软件系统是否存在实际运行中不可或缺但需求规格说明书中却没有规定的功能。

2）软件性能测试

根据软件系统设计的性能指标，测试包括计算精度、响应时间、恢复时间及传输连接时限等软件性能。

3）界面测试

主要检查软件产品的界面是否能做到符合标准和规范、具有直观性、一致性、灵活性、舒适性及实用性等，具体包括软件界面的组织和布局、文字等元素的格式、色彩的搭配等是否协调和便于操作。

4）安全性测试

包括用户权限限制测试、留痕功能测试、屏蔽用户操作错误应答测试、系统备份与恢复手段测试、多用户操作输入数据有效性测试、异常情况及网络故障对系统的影响测试。

5）易用性测试

站在用户的角度，着重测试软件产品的使用性能，目的主要是衡量软件系统的普及推广的难易度。

6）扩充性测试

扩充性测试包括检查软件系统升级是否方便、是否留有非本系统的数据接口、用户是否可以通过修改配置文件或其他非编程方式修改或增减系统功能等。

7）稳定性测试

主要检查软件产品在超负荷情况下其功能的实现情况。

8）兼容性测试

兼容性测试是验收测试中的重要内容，主要检查软件产品在不同操作系统中运行是否正常、在不同数据库系统上运行是否正常、在不同的硬件环境中运行是否正常。

9）效率测试

效率测试主要检查在网络环境下，软件运行过程中数据的网络传输时间和存取时间是否能达到用户的要求。进行效率测试需要了解软件系统采用的传输协议及传输方式，还需要相应的测试环境及使用专用网络测试工具。

10）软件文档资料检查

验收测试涉及的文档主要有：项目实施计划、详细技术方案、软件需求规格说明书

（STP）、概要设计说明书（PDD）、详细设计说明书（DDD）、测试任务说明书、测试计划说明书、测试报告说明书、用户手册（SUM）、测试总结说明书、测试验收说明书、问题跟踪报告说明书和阶段评审报表。

2. 配置项复审

进行验收测试的一个重要前提是所有的软件配置项都已经准备充分，这样才能确保交付给用户的最终软件产品是完整的和有效的。配置项复审就是为了保证软件配置齐全、分类有序及包括进行软件维护时所必需的细节。

3. 实施验收测试

在验收测试前期准备工作完成的基础上，采取某种测试策略实施验收测试。测试结束后还需要完成测试结果分析和测试报告。

7.4.3　验收测试的实施过程

验收测试是在软件产品完成系统功能和非功能测试之后、产品发布之前所进行的软件测试活动，主要根据软件产品的需求规格说明书进行测评，其实施过程如下。

（1）软件需求分析：根据软件需求分析说明书对照测试以判断软件产品是否满足需求。

（2）根据软件需求和验收要求编制测试计划，确定测试种类，制定测试策略及验收通过准则，编制《验收测试计划》和《项目验收准则》，并经过用户评审。

（3）根据《验收测试计划》和《项目验收准则》完成测试设计和测试用例设计并经过评审。

（4）测试环境建立：建立验收测试的硬件环境、软件环境等。

（5）验收测试实施：根据测试计划和测试策略进行测试并记录测试过程和结果。

（6）测试结果分析：根据验收通过准则分析测试结果，确定验收是否通过，并给出测试评价。

（7）测试报告：根据测试结果编制缺陷报告和验收测试报告，并提交给客户。

7.4.4　验收测试策略

目前常用的验收测试策略有三种：正式验收测试、非正式验收测试、α 测试及 β 测试。

1. 正式验收测试

正式验收测试可以看作是系统测试的延伸，其测试计划和设计制定周密而详细，不能偏离所选择的测试用例方向，是一项管理严格的过程。正式验收测试有两种组织方式。

（1）开发成员或独立的测试成员与最终用户代表一起执行验收测试。

（2）验收测试完全由最终用户代表或最终用户选择的人员组织实施。

2. 非正式验收测试

非正式验收测试对测试实施的限制没有正式验收测试严格。验收测试过程中，主要需要确定的是功能和业务任务，测试内容由测试人员，也就是最终用户代表决定，而没有设计必须遵循的特定测试用例，因而非正式验收测试不像正式验收测试那样组织有序，更为主观。

3. α测试及β测试

可以采用 α、β 测试策略发现只有最终用户才能发现的问题。

(1) α测试是指软件开发公司组织内部人员模拟各类用户行为对即将面市软件产品(称为 α 版本)进行测试,试图发现错误并修正。其关键在于尽可能逼真地模拟实际运行环境和用户对软件产品的操作并尽最大努力涵盖所有可能的用户操作方式。经过 α 测试调整的软件产品称为 β 版本。

(2) β测试是指软件开发公司组织各方面的用户代表在日常工作中实际使用 β 版本,并报告异常情况、提出批评意见,然后软件开发公司再对 β 版本进行改错和完善。

7.4.5 验收测试人员

验收测试人员通常包括:

(1) 用户或用户代表。确定软件产品是否满足用户的需求、行为和性能。

(2) 软件测试人员。适时配合用户或用户代表做好验收测试的各项准备工作,根据测试计划按步骤执行验收测试,形成规范的测试文档,客观地分析和评估测试结果,包括向用户解释测试执行过程、测试用例的结果等。

(3) 质量保证(QA)人员。充当测试观察员,负责验收测试过程质量保证,参与相关评审工作。

◆习　　题

一、判断题

1. 测试应从大规模开始,逐步转向小规模。　　　　　　　　　　　　(　)

2. 良好的单元测试可以替代集成测试。　　　　　　　　　　　　　　(　)

二、选择题

1. 不属于单元测试内容的是(　 　)。

    A. 模块接口测试　　　　　　　　　　B. 局部数据结构测试

    C. 路径测试　　　　　　　　　　　　D. 用户界面测试

2. (　 　)方法需要考察模块间的接口和各模块之间的联系。

    A. 单元测试　　　　B. 集成测试　　　　C. 确认测试　　　　D. 系统测试

3. 下面关于测试叙述不正确的是(　 　)。

    A. 单元测试主要关注模块内部

    B. 集成测试主要关注穿越接口的数据、信息是否正确,是否会丢失

    C. 集成测试中所涉及的系统不仅包括被测试软件本身,还包括硬件及相关外围设备

    D. 系统测试中所涉及的系统不仅包括被测试软件本身,还包括硬件及相关外围设备

4. 单元测试中用来模拟被测模块调用者的模块是(　 　)。

    A. 父模块　　　　　B. 子模块　　　　　C. 驱动模块　　　　D. 桩模块

5. 单元测试时的主要依据文档是(　 　)。

    A. 需求分析　　　　B. 概要设计　　　　C. 详细设计　　　　D. 单元测试完成

6. 集成测试计划应该在(　 　)阶段末提交。

A. 需求分析 　　　　B. 概要设计 　　　　C. 详细设计

7. 必须要求用户参与的测试阶段是(　　)。

A. 单元测试 　　　　B. 集成测试 　　　　C. 回归测试 　　　　D. 验收测试

8. 软件测试过程中的集成测试主要是为了发现(　　)阶段的错误。

A. 需求分析 　　　　B. 概要设计 　　　　C. 详细设计 　　　　D. 编码

三、简答题

1. 列举出单元测试的五项主要任务。

2. 系统集成常见有哪几种不同模式? 各自的优缺点是什么?

3. 如何评价集成测试方法的优劣?

4. 简述系统测试的定义及目的。

软件缺陷管理

本章内容

- 软件缺陷管理目标
- 软件缺陷管理等级
- 软件缺陷状态
- 缺陷的跟踪记录

学习目标

(1) 了解软件缺陷管理目标。

(2) 理解软件缺陷管理等级。

(3) 掌握软件缺陷状态。

(4) 了解缺陷的跟踪记录和缺陷报告规范。

◈ 8.1 软件缺陷管理目标

软件缺陷管理是在软件生命周期中为确保缺陷被跟踪和管理所进行的活动。软件开发中的每一步都可能引入缺陷,这些缺陷最终会体现在软件产品中。软件中的缺陷会导致软件产品在某种程度上不能满足用户的需要,这意味着,软件开发的每一步都可以进行缺陷管理,而且必须进行缺陷管理。

零缺陷的软件产品似乎是不切实际的,我们总是听到许多软件开发人员说:"软件永远有 bug"。软件缺陷跟踪管理在现代软件开发中已经占据了很重要的位置,和软件开发的项目管理、需求、设计、开发、测试均严密相关。每个软件组织都必须妥善处理软件中的缺陷,这关系到软件组织生存和发展的质量根本。

缺陷管理的目标是力争让软件开发的每件事情都能保证质量并按时完成。软件质量保证的过程就是围绕缺陷进行的,对缺陷的跟踪管理一般要达到以下目标。

(1) 确保每个被发现的缺陷都能够被解决。

(2) 解决不一定是修正,也可能是其他处理方式。例如,在下一个版本中修正或干脆不修正。总之,对每个被发现的缺陷的处理方式必须能够在开发组织中达成一致。

(3) 收集缺陷数据并根据缺陷趋势曲线识别开发所处的阶段,并通过缺陷趋势曲线来识别和预防缺陷的频繁发生,确定测试过程是否能够结束。

（4）收集缺陷数据并在其上进行数据的统计分析，作为组织的过程财富。

上述第一个目标通常是受到普遍重视的，在谈到缺陷跟踪管理时，一般人都会马上想到这一点。然而第二个和第三个目标却很容易被忽视。至于第四个目标则很少有人能够想到。其实，在一个运行良好的组织中，缺陷数据的收集和分析是很重要的，从缺陷数据中可以得到很多与软件质量相关的有用数据。

◆ 8.2　软件缺陷管理等级

软件的缺陷是软件开发过程和软件产品的重要属性，它提供了许多信息。每一个软件组织都知道必须妥善处理软件中的缺陷，因为这是关系到软件组织生存和发展的质量根本。

不同成熟度的软件组织采用不同的方式管理缺陷。低成熟度的软件组织会记录缺陷，并跟踪缺陷纠正过程；高成熟度的软件组织还会充分利用缺陷提供的信息，采用统计过程控制（Statistical Process Control，SPC）方法建立组织过程能力基线（Process Capability Baseline，PCB），实现量化过程管理，并以此为基础，通过缺陷预防实现过程的持续性优化。

目前存在各种各样的缺陷管理等级描述，这里简单介绍当前软件开发过程管理的实际标准 CMMI 中涉及的缺陷管理等级，如图 8-1 所示。

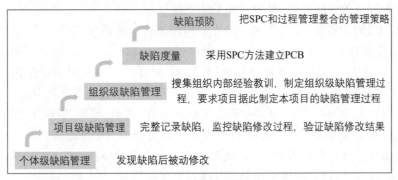

图 8-1　缺陷管理等级

8.2.1　个体级缺陷管理

处于 CMMI 第一级（完成级）的软件组织，对软件缺陷的管理无章可循。开发人员只是在发现缺陷后被动机械地修改相应的软件，通常没有人会记录自己发现的缺陷。也没有人知道在新的软件版本里，究竟纠正了哪些缺陷，还有哪些缺陷未被纠正。而且，只有在下一轮测试中才有可能知道那些所谓已被纠正了的缺陷是否真的被纠正了，更重要的是，不清楚纠正过程是否引入了新的缺陷。

所以，这样的软件组织的项目交货期（Release Date）表现出强烈的不可预测性。为了获得一个高质量的软件产品（如果能够的话），通常要在测试上花费大量的人力。

8.2.2　项目级缺陷管理

在 CMMI 第二级（管理级）的软件组织中，软件项目组会从自身的需要出发，制定本项目的缺陷管理过程。一个完备的软件缺陷管理过程通常包括提交缺陷、分析和定位缺陷、提请修改相应的软件、修改相应的软件以及验证修改等几个方面。

项目组会完整地记录开发过程中的缺陷,监控缺陷的修改过程,并验证修改缺陷的结果。

8.2.3 组织级缺陷管理

CMMI第三级(定义级)的软件组织会汇集组织内部以前项目的经验教训,制定组织级的缺陷管理过程,并且要求项目根据组织级的缺陷管理过程定制本项目的缺陷管理过程。

整个软件组织中的项目都遵循类似的过程来管理缺陷。实施好的缺陷管理实践成为所有项目的实践,而取得的教训也为所有项目组所了解。更重要的是,随着组织的不断发展完善,组织的过程会得到持续性的改进,所有项目的过程也都会相应改进。

8.2.4 缺陷度量

CMMI第四级(量化管理级)的软件组织会根据已收集的缺陷数据,采用统计过程控制(SPC)的方法建立软件过程能力基线(PCB),定量地刻画出软件或过程的特点,进行量化管理。

SPC利用统计方法对过程中的各个阶段进行控制,从而达到改进与保证质量的目的。SPC强调以全过程的预防为主,具体方法是建立控制图。

PCB是一组能力指标,是过程实际能力的具体体现。所谓过程能力是可以预期得到的结果范围,通常包括期望值(Mean)、控制上限(Upper Control Limit,UCL)、控制下限(Low Control Limit,LCL)。以缺陷密度指标为例,Mean描述了未来项目的缺陷密度的预期值,UCL和LCL描述了软件组织或者项目组能够接受的缺陷密度的变化范围。PCB是个不断随着数据累积校正的过程,其本身的数据收集必须客观、准确、真实,以确保组织基线可以持续为各项目研发作为参考标准。运用PCB有助于对过程的分析和改进。

PCB着重于量化软件的度量,定量地刻画出软件或过程的特点,可以帮助未来的项目设立量化的项目质量目标,理解和控制未来项目的实际结果。

下面以缺陷管理中缺陷密度度量指标为例简单说明。

在开始时,项目可根据PCB并结合本项目的实际情况来设立缺陷密度目标;而在项目的生命周期里,可使用如图8-2所示的过程行为图(Process Behavior Chart)来理解和控制项目的实际缺陷密度。

当实际缺陷密度在UCL和LCL之间波动时,可以理解为项目开发过程处于受控状态,否则,当项目的实际缺陷密度超越了UCL或LCL时,可以认为有某异常的原因导致了这一现象,必须进行分析并采取措施来防止该异常原因再次出现,从而确保开发过程始终处于可控状态。实际上,这就是消除了一些缺陷在后续开发阶段出现的可能性,实现了开发过程中软件缺陷的预防。

8.2.5 缺陷预防

CMMI第五级(优化级)强调对组织的过程进行持续改进,从而使过程能力得到不断的提升和持续优化。

事实上,每个软件开发团队都可以通过一些简单的方法,在不增加额外资源的情况下预

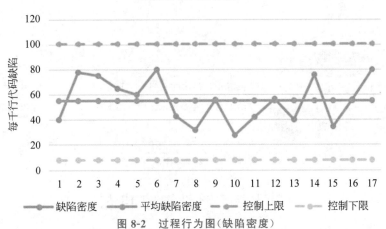

图 8-2　过程行为图（缺陷密度）

防缺陷。经验表明,软件中的缺陷往往倾向于重复出现,即使是一个随机出现的缺陷。软件缺陷的不断重复出现不仅表现在同一个开发人员的工作上,而且表现在同一个项目上。这当然不是说项目中的每一个开发人员都会犯同样的错误。但是,至少其中的一些错误足以被认定为经常出现的问题。因此,缺陷的预防尤为重要。

软件组织应当在量化理解其过程能力的基础上,持续地改进组织级的开发过程、缺陷发现过程,引入新方法、新工具,加强经验交流,从而实现缺陷预防。

缺陷预防的着眼点在于缺陷的共性原因。通过找寻、分析和处理缺陷的共性原因,实现缺陷预防,这是一个持续改进的流程。缺陷处理要逐步从缺陷检测过渡到缺陷预防。

实施缺陷预防能够减少软件开发过程中发现的以及残留的缺陷数量。

仍然以缺陷密度为例。当实施了缺陷预防后,图 8-2 所示的缺陷密度的过程行为图将可能有所变化,如图 8-3 所示。

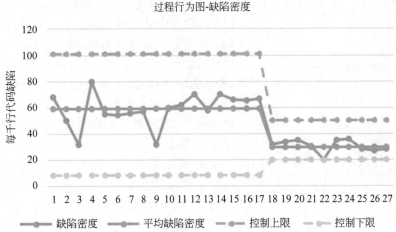

图 8-3　实施了缺陷预防后的过程行为图（缺陷密度）

良医者，常治无病之病，故无病；

圣人者，常治无患之患，故无患。

◇ 8.3　软件缺陷状态

软件缺陷的状态与缺陷生命周期有紧密关联，可以说软件缺陷生命周期各个阶段就是由软件缺陷状态的变迁直接体现的。

软件缺陷管理的核心任务就是设计、划分软件缺陷生命周期的各个阶段、定义各阶段缺陷的状态及缺陷状态的变迁。

一个简单的软件缺陷生命周期包括缺陷发现、缺陷打开、缺陷修复、缺陷关闭几个阶段，其基本过程如下。

(1) 发现—打开：测试人员找到缺陷并将其提交给开发人员。

(2) 打开—修复：开发人员再现、修复缺陷，然后将其提交给测试人员验证。

(3) 修复—关闭：测试人员验证修复过的软件，关闭已不存在的缺陷。

这是最理想的状态。但是，在实际的缺陷管理工作中很少会有这么顺利的过程，通常需要考虑各种情况。在一个复杂的软件缺陷生命周期中，新建缺陷的后续命运很有可能是这样的：

(1) 新建一个软件缺陷，是打开状态；审查缺陷，不是代码问题，就是设计需要修改。

(2) 新建一个软件缺陷，是打开状态；审查缺陷，确定以后再修改的，就是延期状态。

(3) 新建一个软件缺陷，是打开状态；审查缺陷，确认实际上没有这个缺陷或不是缺陷，可以将其关闭。

(4) 新建一个软件缺陷，是打开状态；若不能清楚地重现，即认为缺少信息，需要返回到打开状态；否则修正缺陷后将其关闭，进行回归测试。

比较常见的软件缺陷生命周期如图 8-4 所示。通常认为，在软件缺陷从产生到消除的整个生命周期内，将经历缺陷注入、缺陷发现、缺陷识别、缺陷清除及遗留等阶段。

在缺陷管理系统设计中，软件缺陷的状态变迁，即软件缺陷生命周期的设计关系到软件开发、测试及其他相关人员的工作，影响着研发流程的整体控制。在如图 8-4 所示缺陷生命周期的基础上，不同的软件组织会根据需要定义自己的缺陷生命周期。

例 8-1　下面的事例展示了一个软件缺陷在其生命周期中个别状态的非典型变迁。

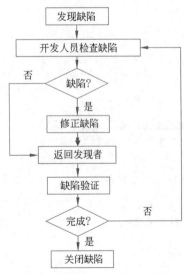

图 8-4　软件缺陷的生命周期

这是一个能引起死机的严重缺陷：如果在用 U 盘从设备中导出数据的过程中拔了 U 盘，将导致界面不动，死机。其状态变化记录如下。

- *年*月 15 日 10：30 A（测试工程师）提交。
- *年*月 17 日 9：00 B（开发工程师）发给 C（开发主管）。
- *年*月 19 日 16：00 C 取消了该缺陷。说明：非法操作，修改代价大，无须修改。
- *年*月 20 日 10：04 A 拒绝取消。说明：虽是非法操作，但不应该死机，软件容错性不足，建议处理。
- *年*月 20 日 11：00 C 再次取消。
- *年*月 21 日 9：00 A 再次拒绝取消。
- *年*月 22 日 15：00 C 第三次取消。

解答：

看得出来，双方意见不一，且态度都很坚决，开发认为不用改，测试认为一定要改。有些软件组织中，软件需求由开发人员负责，开发人员既是需求分析人员，又是代码实现人员。在这种情况下，缺陷处理过程中就容易出现这样一种"踢皮球"的现象。

该案例中，测试人员和开发人员的坚持都有道理。测试人员是站在用户的角度，不能因为是非法操作引起的严重问题就不修改；开发人员虽然承认这是缺陷，但是一方面它是用户的非法操作引起，用户应对自身非法操作的后果负责，就像 Windows 操作系统中写 U 盘过程中，如果拔下 U 盘引起系统异常、U 盘损坏，是要用户自行负责的；另一方面，这种场景不太可能发生，如果修改，时间及系统结构上将受较大影响，不值得。

事实上，并不是所有提交的缺陷都能得到解决，有些缺陷的解决是需要付出高昂代价的。该缺陷的最后处理是：在用户手册上特别声明，不允许在数据导出过程中拔 U 盘，以免引起意外。站在测试的角度，该缺陷不能关闭，关闭意味着缺陷生命周期的结束，就不会再关注这个缺陷了。最后经项目组评审，该缺陷改为延期状态。

另外，对于测试人员来说，没必要反复拒绝取消，踢皮球，这是没有意义的。在这种以开发为核心的管理模式中，需求由开发负责，开发人员不会轻易改变看法。测试人员应该多想想其他办法解决问题，在开发不改的基础上又能让用户规避风险的方法是上策。

知识拓展

从上述案例可以看出，在缺陷生命周期中，角色、权限、状态是相辅相成的。通常情况下，如果测试人员都是新人，不熟悉产品业务，为了提高提交缺陷的有效性，建议测试人员只录入缺陷，由测试负责人审核后再提交。这样做的优点是测试负责人与测试人员能够及时交流，关注缺陷情况，掌握产品质量；缺点是如果每天录入的缺陷较多，会导致审核人员压力较大，缺陷不能很快传递给开发人员。

对于已审核提交的缺陷，一般可直接分派给负责具体模块的开发工程师，也可同时抄送给软件开发负责人，这样做的好处是缺陷的响应处理及时。建议不允许开发工程师设置缺陷的取消、延期状态。有关的缺陷最好交给项目经理或软件开发负责人处理，也可经项目相关人员评审后，交由开发负责人处理。

对于延期的缺陷，什么时候再纳入修复计划，要有解决的时间表，不能石沉大海。"不怕一万，就怕万一"，群众的眼睛是雪亮的，软件质量不能心存侥幸。对于关闭的缺陷，意味着该缺陷的生命周期已经结束。

例 8-2 下面的事例展示了一个软件缺陷报告和修复的警示性故事。

某项目中有两个测试人员 A 和 B。在项目结束时,A 报告了 100 个缺陷,B 报告了 74 个缺陷(假设缺陷的优先级和严重程度是相同的)。现在,他们的经理必须从这两个测试人员中选择一个派到关键的新项目中。经理会选择谁呢?

解答:

如果仅基于上述信息,经理可能会选 A。但是经理注意到:客户所收到的缺陷修复中,80%来自 B 的工作,只有 20%来自 A 的工作。因此,最终选择了 B。

应该提高对缺陷整个生命周期的重视,而不是仅重视缺陷的初始状态。在报告缺陷和客户收到经过缺陷修复的软件的时间里,发生了很多事情。重要的是创建"正确"的缺陷,并让它沿着"正确"路径的发展,直到被关闭。

知识拓展

良好的测试人员发现并随时记录许多软件缺陷,优秀的测试人员发现并记录缺陷后,继续跟踪记录缺陷的修复过程。

◆ 8.4 软件缺陷管理

软件缺陷管理流程与缺陷生命周期相关联。缺陷从发现、审查、修复、验证,到验证通过后关闭,形成一个完整的管理过程。在这个管理过程中,缺陷从提交到关闭有一个生存周期,在这个生存周期内,缺陷在测试团队、开发团队、缺陷分配者之间流转形成一个流程。根据参与缺陷跟踪处理人员的角色的不同,会形成不同的缺陷跟踪管理流程,其中还包括拒绝、争议处理和挂起的过程。软件缺陷管理流程深刻反映了软件缺陷的整个生命周期。

不同的软件组织和软件产品需要的缺陷管理流程是不一样的。不同的软件组织会根据自己的具体情况定制不同的缺陷跟踪流程,以便让所有相关工作人员都清楚各种状态的缺陷处理流程。

8.4.1 缺陷处理流程

下面分别介绍软件缺陷跟踪管理的总体流程和各子流程。

1. 总体流程

软件缺陷跟踪的总体流程如图 8-5 所示。图 8-5 中的实线表示缺陷跟踪主体流程,是每个缺陷在其生命周期中都要经过的流程;虚线表示缺陷跟踪的附属流程,只有当缺陷处于其中状态时才会选择进入该管理流程。

2. 提交流程

缺陷提交流程是所有缺陷管理子流程中的第一个,如图 8-6 所示。测试工程师或业务人员在需求文档评审后和软件测试过程中,发现文档缺陷或软件缺陷后,按缺陷提交要求,在缺陷管理工具中详细填写缺陷信息,准确描述缺陷现象和缺陷重现步骤。必要时可以截图、录制语音文件来帮助描述缺陷出现的原因和结果,此时缺陷状态为 New。

项目经理或指定分配人在对缺陷进行审查后,确定该缺陷必须修复,就将缺陷状态从 New 改为 Open,并在一定时间内指派给开发人员,该缺陷即进入修复流程。

如果项目经理或指定分配人拒绝了该缺陷,在填写拒绝理由时,将缺陷状态从 New 改为 Refuse,并将缺陷发回提交人,该缺陷即进入拒绝流程。

对于审查过程中被二次拒绝或审查意见有争议的缺陷,应进入争议处理流程。

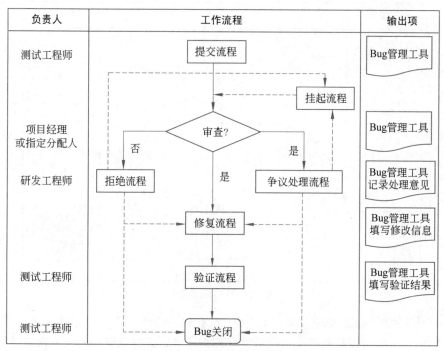

图 8-5　缺陷跟踪总体流程

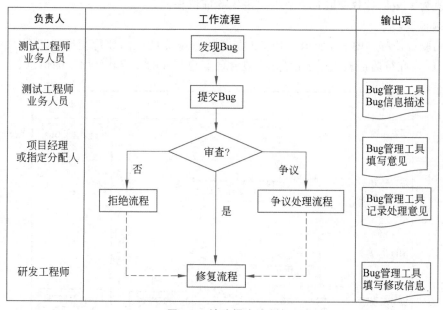

图 8-6　缺陷提交流程

3. 修复流程

缺陷修复流程如图 8-7 所示。项目经理或指定分配人将需要修复的缺陷分配给开发人员后,开发人员对分配负责的缺陷进行修复安排。如果开发人员拒绝该缺陷,则在缺陷管理工具中将该缺陷的状态修改为 Refuse,填写拒绝理由,并将该缺陷提交给项目经理或指定分配人,该缺陷进入拒绝流程。

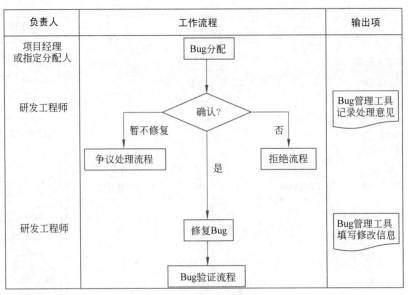

图 8-7　缺陷修复流程

　　当由于各种原因无法修复缺陷时,开发人员在缺陷管理工具中填写理由,将缺陷的状态修改为 Pending,并将该缺陷提交给项目经理或指定分配人。该缺陷进入争议处理流程。

　　开发人员修复缺陷后,在缺陷管理工具中填写对应的修改记录,用于回溯跟踪。将缺陷状态修改为 Fixed,并提交验证。该缺陷进入验证流程。

4. 验证流程

　　缺陷验证流程如图 8-8 所示。开发人员提交修复完的缺陷和待验证缺陷列表,缺陷状态为 Fixed。在待验证缺陷列表信息中,包含可实施验证的对应软件版本的信息。

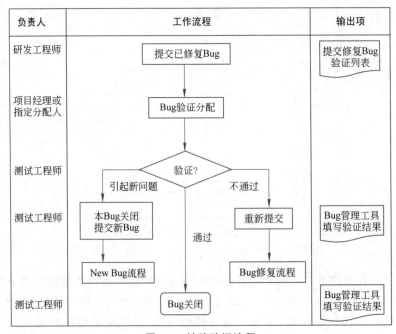

图 8-8　缺陷验证流程

接着,项目经理或指定分配人将待验证的缺陷分配给测试人员。测试人员在包含修复后代码的软件版本上验证缺陷修复情况。验证通过后,测试人员填写验证结果,关闭该缺陷,缺陷状态从 Fixed 修改为 Closed,缺陷生命周期结束。如果缺陷验证没有通过,测试人员填写验证结果,并将缺陷状态从 Fixed 修改为 Reopen,缺陷再次进入修复流程。

如果缺陷验证通过,但是由于修改引发其他问题,则该缺陷视为验证通过,将其关闭,缺陷状态修改为 Closed,同时提交新的缺陷,进入另外一个缺陷管理流程。

5. 拒绝流程

缺陷拒绝流程如图 8-9 所示。项目经理或指定分配人审查提交的缺陷,如果审查结果为拒绝,则在缺陷管理工具中填写评审意见,并将缺陷状态修改为 Refuse,同时将该缺陷发回给提交人。

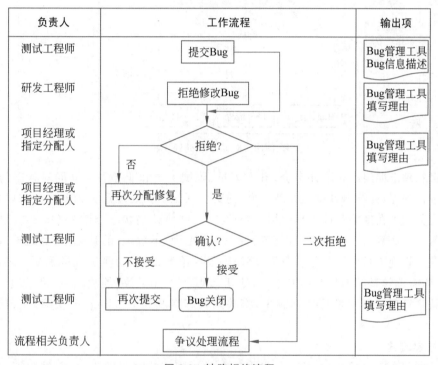

图 8-9　缺陷拒绝流程

接着,项目经理或指定分配人对开发人员提交的 Refuse 状态的缺陷进行评审,如果认同开发人员的否决意见,就将缺陷发回给提交人,缺陷状态仍为 Refuse;否则,填写要求修复的意见,缺陷状态由 Refuse 修改为 Open,并再次将该缺陷分配给开发人员修复。

测试人员对发回的 Refuse 状态的缺陷进行复查,如果接受拒绝理由,就将缺陷状态修改为 Closed,关闭该缺陷。该缺陷的生命周期结束;否则,在缺陷管理工具中填写充分理由,将缺陷再次提交,该缺陷状态仍为 Refuse。

对开发人员再次拒绝的缺陷或测试人员再次提交的状态为 Refuse 的缺陷,由项目经理或指定分配人统一管理,进入争议处理流程。

6. 争议处理流程

缺陷争议处理流程如图 8-10 所示。开发人员再次拒绝的缺陷或测试人员再次提交的状态为 Refuse 的缺陷,由项目经理或指定分配人统一管理。

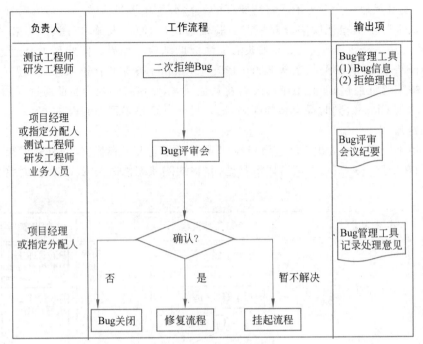

图 8-10　缺陷争议处理流程

项目经理定期组织缺陷评审会,开发人员、测试人员和业务人员共同对状态为 Refuse 的缺陷进行评审,并给出具体的处理意见,提交会议纪要。处理意见为解决的缺陷,项目经理或指定分配人在缺陷管理工具中填写处理意见,并将缺陷状态修改为 Open,重新分配给开发人员安排修复,该缺陷进入修复流程;处理意见为"不解决"的缺陷,项目经理或指定分配人在缺陷管理工具中填写处理意见,将缺陷发回给测试人员,测试人员关闭缺陷,修改其状态为 Closed,该缺陷的生命周期结束;处理意见为"暂不解决"的缺陷,项目经理或指定分配人在缺陷管理工具中填写处理意见,将缺陷状态修改为 Pending,该缺陷进入挂起管理流程。

7. 挂起流程

缺陷挂起流程如图 8-11 所示。当由于各种原因无法修复缺陷时,经缺陷评审会议评审,决定处理意见为"暂不解决"的缺陷,由项目经理或指定分配人统一管理,在缺陷管理工具中填写处理意见,将缺陷状态修改为 Pending。

根据项目管理要求,在一定时间内对状态为 Pending 的缺陷安排复查,审查外部因素是否已经满足缺陷修复条件。如果可以安排修复,就解除缺陷的挂起状态。项目经理或指定分配人将缺陷状态修改为 Open,并分配给开发人员进行修复。该缺陷进入修复流程;否则,该缺陷继续维持挂起,保持 Pending 状态。

8.4.2　缺陷的跟踪记录

如前所述,处于"打开状态"的缺陷将分配给合适的开发人员去修复。开发人员修复缺陷后要详细记录缺陷是怎么修复的,记录的具体内容可包括:

(1) 问题分析:给出该缺陷产生的原因分析,作为以后开发工作的前车之鉴。

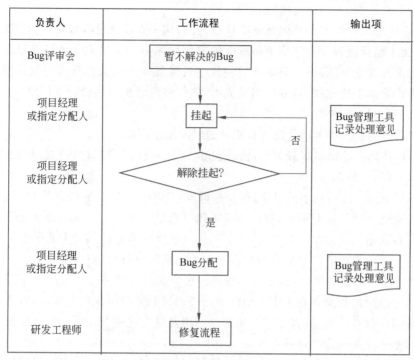

图 8-11　缺陷挂起流程

（2）更改方案：给出解决该问题的方案描述，适当时候可直接给出代码修改片段或详细设计文档的文件名、对应的代码行。

（3）受影响分析：对本次更改涉及的模块或功能可能会产生哪些影响做出说明。

（4）测试建议：根据本次更改的具体情况，建议一些方法或途径用于后期验证。

修复一个缺陷后，出现修复不彻底或改出新问题是项目研发过程中的常见现象，如果验证缺陷时没有及时发现，就会遗留到后续版本或用户端，可能造成严重后果。因此需要对开发人员已修复并标注为"修复"的缺陷进一步验证，这个工作一般由当初提出该缺陷的测试人员负责。

验证缺陷有时也被称为回归缺陷。回归测试的主要目的就是验证对系统的变更没有影响以前的功能，并保证当前的功能变更是正确的。回归缺陷时，需要记录回归策略，包括回归的路径、测试的数据（可以通过附件形式附加到缺陷管理工具中）等。有必要制定回归测试记录的规范，一方面约束回归测试人员描述测试思路及回归的路径；另一方面，记录的回归信息能够帮助审核人员判断回归是否足够充分，是否有必要采取补充测试。回归记录一般需要描述以下内容。

（1）验证的版本：回归该缺陷的当前产品版本是什么。

（2）回归策略：采用了哪些方法回归此缺陷，覆盖了哪些路径、用了哪些测试数据等。

（3）验证结果：描述回归测试的结果是通过还是不通过。通过了就可以关闭该缺陷，不通过则需要重新打开该缺陷。

虽然我们一再强调测试人员应该确保测试过程中发现的缺陷被处理、关闭，但是实际测试工作中，还需要从综合的角度考虑软件的质量问题。因此，测试人员对找出的软件缺陷应该保持一种平常心态，正确面对缺陷。

首先，不是每个被发现的缺陷都是必须修复的，这一点前文已有提及。测试是为了证明程序有错，而不是保证程序没错。不是所有的软件缺陷一旦被发现就能够被修复。有些缺陷可能会完全被忽略，还有一些可能推迟到软件后续版本中修复。具体的软件缺陷修复策略要综合考虑缺陷的优先级、修复时机及成本，软件修复时机直接影响软件成本。以下几种情况下，缺陷可以不予修复。

（1）产品最终发行或者项目交付有明确的时间期限限制。

（2）不算是真正的缺陷。有时候，错误理解、测试错误或需求变更可能会使测试人员提出一些不是缺陷的"缺陷"。

（3）修复缺陷将影响较多的模块，带来的风险比较大，可能会加剧产品的不稳定性。这种情况比较常见。软件是脆弱的，难以理清头绪。修复一个软件缺陷可能导致其他软件缺陷的出现。在紧迫的产品发布进度压力之下，修改软件缺陷可能冒很大的风险。有些时候，不去理睬一个已知的缺陷以避免出现更多未知的新缺陷，可能是更安全的办法。

（4）修复缺陷的性价比过低，不值得修复。这个理由听起来虽然有点不靠谱，却是真实存在的。不常出现的缺陷和在不常用功能中出现的缺陷都可以先放过去；不能重现、可以躲过的缺陷或用户自有妙招预防的缺陷，通常也不用修复。这种"听之任之、放任自流"的消极做法都要归结于商业风险决策的考虑。

其次，发现的缺陷数量不能说明软件的质量，只能说明测试是否有效。软件中不可能没有缺陷，发现很多缺陷对于测试人员来说是很正常的事，发现不了缺陷反而不太可能。发现的缺陷多，只能说明测试的方法用对了，测试的思路是正确的，测试工作效率高，但是不能武断地以此来否定软件的质量。

例如，如果发现的大量缺陷都是属于提示性错误、文字错误等，错误的严重性等级很低，而且这些缺陷的修复几乎不会影响到执行指令的部分；而有关软件的基本功能或性能的缺陷很少发现，那么很多时候，这样的测试结果证明了"软件的质量是稳定的"，软件是优秀的。

反之，如果测试过程中发现的缺陷很少，但是这些缺陷都是关于在功能未实现、性能未达标的或经常引起死机或系统崩溃等现象，而且这样的缺陷还经常出现，那么这样的软件是没有人敢轻言"发布"的，因为承担的风险太大了。

总之，无论是测试人员、开发人员还是管理人员，都不要过于关注发现缺陷的数量，而应结合缺陷的其他属性信息综合评价测试工作和软件质量。

最后，我们不得不承认：无论如何也不可能找出软件中存在的所有缺陷。所以当一段时间内发现的缺陷足够少的时候，就可以停止测试了。

◆ 8.5　软件缺陷报告

软件缺陷报告（Software Bug Report，SBR），也称为软件问题报告（Software Problem Report，SPR），是描述软件缺陷现象和重现步骤的集合，包括缺陷标识、缺陷类型、严重程度等缺陷信息。8.3节中提到的缺陷信息都可以出现在缺陷报告中，软件组织也可以根据需要自行定制缺陷报告的内容。需要在缺陷报告中包括哪些缺陷信息，取决于对软件质量、测试团队、开发团队等的度量需要哪些指标。缺陷报告所包括的缺陷信息的最小集要让开发人员能够明白在哪里出现了什么问题,并为缺陷修复提供必要线索。

　　缺陷报告是测试人员主要的工作产物,也是测试团队工作的主要交付物之一,体现了软件测试的价值。缺陷报告好比是考生的一张答卷,一份质量高的缺陷报告可以得到高分,所以测试人员必须重视缺陷报告的填写和记录。缺陷报告的作用包括:

　　(1) 准确描述软件存在的缺陷,便于开发人员及时了解并处理。

　　(2) 反映项目/产品当前的质量状态,便于项目整体进度和质量控制。

　　(3) 是测试人员和开发人员之间沟通的主要手段。

　　(4) 可以衡量测试人员的工作能力。

8.5.1　缺陷报告规范

　　书写清晰、完整的缺陷报告是保证缺陷正确处理的最佳手段。可以使用 Word、Excel甚至 Windows 系统自带的记事本来编辑缺陷报告,也可以使用专门的缺陷管理软件填写缺陷报告。不管采用什么工具、什么形式,都应该遵循统一的缺陷报告编写规范。这样才能保证整个项目组中填写的缺陷报告格式统一,也便于对缺陷进行统计分析,从而减少开发人员及其他质量保证人员的后续工作。在测试之前,有必要研究制定整个测试团队一致认可的缺陷报告填写规范。

　　通常,缺陷报告的提交对象包括开发人员、产品经理、项目经理、质量管理人员。除此之外,市场业务人员、技术支持人员也可能需要查看缺陷情况。每个阅读缺陷报告的人都需要理解缺陷针对的产品和使用的技术。他们不是测试人员,可能对于具体软件测试的细节了解不多。他们往往希望报告的缺陷信息更具体、准确,易于搜索;缺陷已经进行了必要的隔离;软件开发人员会希望获得缺陷的本质特征和复现步骤;市场和技术支持等部门希望获得缺陷类型分布以及对市场和用户的影响程度。

　　软件缺陷的描述是否准确、简单、专业,对软件测试报告有着重要的影响,如果对软件缺陷的描述含糊不清、描述术语晦涩难懂,就可能误导开发人员及其他测试人员,直接影响缺陷被修复的概率。软件测试人员的任务之一就是需要针对读者的要求,书写良好的软件缺陷报告,保证开发人员可以正确地重现缺陷,分析错误产生的原因,定位错误,然后修复缺陷。因此,其基本要求是准确、简洁、完整、规范。为了书写良好的软件缺陷报告,将应该注意的要点大致总结如下。

　　1. 每个软件缺陷报告只报告一个软件缺陷

　　这样能够增强缺陷报告的可读性,还可以使缺陷修复人员能够迅速定位缺陷,集中精力每次只修复一个缺陷,也便于修复缺陷后进行验证。即使是同一个页面、同一功能出现的问题也需要单独分开汇报,这样做的目的是可以正确统计 Bug 数量,减少或避免开发人员遗漏,对于优先级别不同的 Bug 汇报在一起影响修复效率。

　　2. 操作步骤详细但不冗余

　　对缺陷重现的操作步骤描述要做到简洁、准确、完整,记录缺陷出现的位置,揭示缺陷实质。为了便于在数据库中查找指定的缺陷,包含缺陷发生时的用户界面信息是个良好的习惯。例如,记录对话框的标题、菜单、按钮等控件的名称,这些名称要加引号,便于与普通文本区分。有些测试人员描述的缺陷模棱两可，例如，"编辑单据时，列表中不出现日期信息"，这让人一眼看上去弄不清列表中到底是应该出现日期信息还是不应该出现日期信息。尤其是对于一些不熟悉需求的开发人员来说，不清楚测试人员是要求这样做，还是指出这样做是错误的。

应该描述重现缺陷所必须执行的最少的一组操作步骤。有些测试人员一发现问题就把重现步骤记录下来并报告缺陷。这些重现步骤可能是非常冗长的一个操作，而实际上可能仅仅是其中的一两个关键步骤的组合才会出现这样的错误。让开发人员重新执行这些多余的步骤其实是在浪费开发人员的宝贵时间，因为调试的周期会因此加长。正确的做法是录入之前再多做几次操作，尽量把操作步骤减少到必须要执行才能重现缺陷的几个步骤。要确保缺陷能够重现，对于严重程度较高的缺陷，一般要重复测试两次以上。

DELL 提出了书写更优良的缺陷报告应遵循的"5C"原则，即五个以 C 开头的英文单词的缩写。"5C"原则内容如下。

(1) 内容正确(Correct)：每个组成部分的描述正确，不会引起误解。

(2) 内容清晰(Clear)：每个组成部分的描述清晰，易于理解。

(3) 步骤简洁(Concise)：只包含必不可少的信息，不包括任何多余的内容。

(4) 结构完整(Complete)：包含复现该缺陷的完整步骤和其他本质信息。

(5) 风格一致(Consistent)：按照一致的格式书写全部缺陷报告。

3. 利用好关键字

使用过缺陷管理工具的测试人员经常做的一件事就是检索 Bug，特别针对 Bug 数量较庞大时，有时需要查询类似的 Bug，或是统计时想针对某一同类问题（如系统 SQL 错误、错误代码等）总结，可以通过搜索来归类。这就需要在编写 Bug 时斟酌好团队人员一般都会用怎样的关键字搜索，统一规范后会使 Bug 检索更轻松点。

4. 明确指明缺陷类型和严重程度

根据缺陷发生时的现象，总结判断缺陷的类型和严重程度，是否影响软件的后续开发和发布。

5. 尽量简化问题

例如，一个 100 行的 SQL 语句执行时出错，可能仅仅是因为其中的某几行语句有问题导致的，如果能把 SQL 语句简化到 3 行，而问题依然存在，这样的报告更容易受到开发人员的欢迎。

6. 附加必要的缺陷特征图像

为了直观地观察缺陷现象，通常需要将缺陷出现时的屏幕截图附加在缺陷记录的"附件"部分，以便开发人员观察缺陷现象，迅速定位错误。可以捕捉缺陷产生时的全屏幕、活动窗口或局部区域。

一般在下面几种情况需要附加截图或文件。

(1) 产品中有一段文字没有显示完整。

(2) 国际化测试时，产品中一段文字没有翻译或显示乱码。

(3) 产品中的语法错误、标点符号使用不当等。

(4) 产品中出现错误的公司标志或重要图片没有显示等。

（5）必要的异常信息文件、日志文件、输入数据文件等。

屏幕截图文件一般建议采用 JPEG 或 GIF 格式,因为这两种格式的文件占用的存储空间小,打开速度快。

7. 附加必要的测试用例

如果缺陷是在执行打开某个特定的测试用例时产生的,必须附加该测试用例,以便开发人员迅速再现缺陷。为了进一步明确缺陷的表现,可以附加修改建议或注解。

8. 增强缺陷报告的可读性

尽量使用业界惯用的表达术语和表达方法;使用短语和短句,避免复杂句型句式;短行之间使用自动数字序号,使用相同的字体、字号、行间距,保证各条记录格式一致,做到规范专业;统一缺陷报告的存储形式,如统一的 Excel 文档模板;如果需要添加截图或音频、视频等其他文件,也要规定这些文件的统一格式,以便管理。

9. 标明特定条件

许多软件功能在通常情况下没有问题,只是在某种特定条件下会存在缺陷,所以软件缺陷描述不要忽视这些看似细节但又必要的特定条件(如特定的操作系统、浏览器或某种设置等),这样能够提供帮助开发人员找到原因的线索,例如"搜索功能在没有找到结果返回时跳转页面不对"。

从发现缺陷时起,测试人员要保证能正确报告缺陷,并使之得到应有的重视,继续监视其修复的全过程。在软件缺陷描述中不要带有个人观点,不对开发人员进行评价。软件缺陷报告是针对产品、针对问题本身的,将事实或现象客观地描述出来就可以,不夸大也不缩小,客观公正,不需要任何评价或议论。另外,缺陷报告的行文措辞一定要考虑对方的接受度。可以委婉地利用杂志上的评论或其他出版物中的有关批评,间接指出类似的问题已经给整个行业或竞争对手带来的麻烦;也可以引用技术支持统计数据,说明其他产品中的类似问题所带来的资金损失,用事实、数据说服开发人员。

编写良好的缺陷报告对测试团队具有重要意义。首先,可以减少被开发人员拒绝从而打回来的缺陷数量;其次,能够帮助开发人员提高效率,加快缺陷修复的速度;还能增加测试人员测试能力的可信度,进一步加强开发人员和测试人员之间的团队合作,最终实现更加高效地提高软件质量。

实际上,缺陷报告就是一种销售工具,测试人员要依靠缺陷报告劝导开发人员付出宝贵的时间、精力和资源修改被发现的软件缺陷,所以它起码得让程序员明白缺陷是什么,为什么要修改这个缺陷。测试人员不要试图在缺陷报告中解决问题,那是开发人员的职责。

例 8-3　报告缺陷就像写新闻——测试员 A 的故事

A:我一个月前在实验室中发现了这个缺陷,然后报告了它。但没人注意到它,所以它被标记为"推迟"。上个星期我们最大的客户也发现了它,突然之间,这个缺陷就引发了一场危机。现在,我们需要交付一个维护版本,这就意味着我要整个周末都待在实验室里检查所做的修复。为什么他们在我第一次报告的时候没注意到这个缺陷呢?

解答:

真正的原因是什么呢? 最常见的原因:缺陷报告写得不清楚,没有把影响充分传达给分配人员,因此所报告的缺陷被关闭了。经理认为"为什么 A 不能把他的缺陷报告写得清楚些,足以让团队能够对它们有所行动呢?"(和前面一样,经理在他的下一个项目中没有选择 A。)

任何一个缺陷报告都是一个呼唤修复此缺陷的宣传文档。有的缺陷永远也不会被修复。测试员的责任不是去保证所有的缺陷都被修复了,而是以一种能让读者理解问题全部影响的方式精确地报告缺陷。研究得好不好,报告写得好不好,这些通常都会对缺陷修复的概率有着很重大的影响。

描写缺陷就像是写新闻报道,标题就像是头条新闻。新闻记者的 6 个基本问题:什么、哪里、怎么、谁、为什么和什么时候,需要在一两句摘要中都能覆盖到。缺陷报告也一样要包含缺陷的关键信息,即缺陷报告八大要素,如图 8-12 所示。

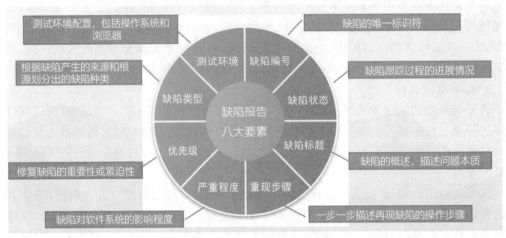

图 8-12　缺陷报告八大要素

知识拓展

从 A 的经验中得出的教训可以用 Cem Kaner、James Bach 和 Bret Pettichord 的名言来总结:“你的主张驱动你所报告的缺陷的修复”。

8.5.2　缺陷报告示例

首先是一份优秀的缺陷报告记录,见图 8-13。它记录了最少的重复步骤,不仅包括预期结果、实际结果和必要的附件,还提供了必要的数据、测试环境或条件,以及简单的分析。

重现步骤:
　　(1) 打开编辑文字的软件
　　(2) 创建一个新文档(这个文档可以录入文字)
　　(3) 在这个文档里随意录入一两行文字(任意)
　　(4) 选中录入的一两行文字,选择 Font 菜单,然后选择 Arial 字体格式
　　(5) 一两行文字变成了无意义的乱字符
期望结果:
　　当用户选择已录入的文字并改变文字格式时,文本应该正确显示选中的文字格式,不会显示成乱字符
实际结果:
　　这是字体格式的问题,如果在把文字格式改变成 Arial 前保存文件,缺陷不会出现。缺陷仅发生在 Windows98 中,且改变文字格式成其他字体格式时正常。
　　见附件(附件链接)

图 8-13　一份优秀的缺陷报告

如图 8-14 所示是一份含糊不完整的缺陷报告。它缺少重建步骤,没有期望结果、实际结果和必要的图片。

重现步骤:
  (1) 打开一个编辑文字的软件
  (2) 录入一些文字
  (3) 选择 Arial 字体格式
  (4) 文字变成了乱字符
期望结果:
实际结果:

图 8-14　一份含糊不完整的缺陷报告

还有一份松散的缺陷报告如图 8-15 所示。它描述了无关的重现步骤以及对开发人员理解缺陷毫无帮助的结果信息。

重现步骤:
  (1) 在 Windows 98 上打开一个编辑文字的软件并编辑存在的文件
  (2) 文字字体显示正常
  (3) 添加了图片,图片显示正常
  (4) 之后创建了一个新文档
  (5) 在这个新文档里随意录入了大量文字
  (6) 录入这些文字后,选择几行文字,并选择 Font 菜单,然后选择 Arial 字体格式改变文字的字体
  (7) 有 3 次重现了这个缺陷
  (8) 在 Solaris 系统中运行这些步骤没有任何问题
  (9) 在 Mac 系统中运行这些步骤没有任何问题
期望结果:
  当用户选择已录入的文字并改变文字格式时,文本应该正确显示选中的文字格式,不会显示成乱字符
实际结果:
  我试着选择其他不同的字体格式,但只有 Arial 字体格式有软件缺陷,不论如何,它可能会出现在我没有测试的其他的字体格式中

图 8-15　一份松散的缺陷报告

缺陷报告中包含的信息在不同的软件组织中可能有不同的要求,具体格式也会有所不同。图 8-16～图 8-18 展示了几个不同软件组织使用的、不同版本的缺陷报告样本,可供了解和参考。

图 8-16 缺陷报告中除了对缺陷重现步骤的描写,还包含"缺陷分析"一项内容。可以看出,缺陷分析是在缺陷重现步骤的基础上,详细记录了相似的操作步骤是否会重现缺陷,这将为程序员修复缺陷提供很大帮助。

缺陷报告单

发现人	Kevin	发现时间	2009-4-16	状态	Open
严重程度	一般	优先级	低	频率	高
简单描述	对表格边框做线型操作，产生不能还原状态				
详细描述	1. 在 Windows XP 上打开 Word。 2. 在 Word 中插入一张表格。 3. 选中表格，单击菜单栏中"格式"→"边框和底纹"命令。 4. 在弹出的对话框中选择边框面板中倒数第二种线型，看看预览框中的效果，确定，表格边框变成倒数第二种。 5. 重复第2步。 6. 在弹出的对话框中选择第一种线型，看看预览框中的效果，确定。 7. 发现表格边框不变，仍然保持倒数第二种形状。 8. 重复5次，结果一样。 9. 实际结果应该是回到原线型。				
分析	1. 发现倒数第一种线型与倒数第二种线型相似，换取倒数第一种线型做相同测试，结果发现也不能还原。 2. 再换取其他线型做相同测试，结果是可以还原。 3. 尝试从第一种线型变换除倒数第一种和倒数第二种外的线型，再变换回倒数第一种或倒数第二种线型，再选取原来线型测试，发现也不能还原线型。 4. 只要选取倒数第一种或倒数第二种线型就出现不能还原现象。				
附件	相关截屏图片【略】				

图 8-16　缺陷报告样本

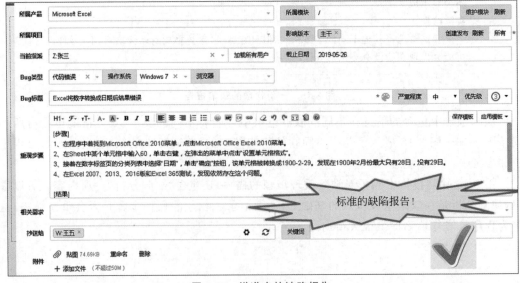

图 8-17　禅道中的缺陷报告

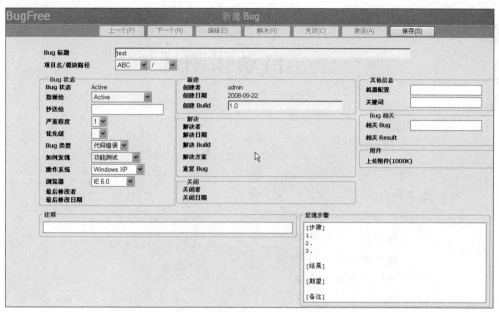

图 8-18　BugFree 中的缺陷报告

习　题

一、选择题

1. 默认缺陷定制流程,测试工程师负责的是(　　)。

　　A. 确认缺陷　　　　　B. 分配缺陷　　　　　C. 新建缺陷　　　　　D. 驳回缺陷

2. 软件产品质量的描述指标不包括(　　)。

　　A. 缺陷密度　　　　　B. 潜在缺陷数　　　　C. 缺陷检出率　　　　D. 代码规模

3. 通过找寻、分析和处理缺陷的共性原因,实现(　　),这是一个持续改进的流程,其着眼点在于缺陷的共性原因。

　　A. 缺陷发现　　　　　B. 缺陷修复　　　　　C. 缺陷预防　　　　　D. 缺陷分析

4. (　　)是将软件开发、运行过程中产生的缺陷进行必要的收集,对缺陷信息进行分类和汇总统计,计算分析指标,编写分析报告的活动。

　　A. 缺陷发现　　　　　B. 缺陷修复　　　　　C. 缺陷分析　　　　　D. 缺陷预防

二、简答题

1. 简述软件缺陷的生命周期。

2. 简述软件缺陷的状态转换。

自动化测试

本章内容

- 手工测试和自动化测试
- 自动化测试所需技能
- 自动化测试脚本开发
- 自动化测试工具分类

学习目标

(1) 理解手工测试和自动化测试的区别和联系。

(2) 了解自动化测试所需技能。

(3) 了解自动化测试脚本的开发。

(4) 了解自动化测试工具的分类。

◆ 9.1 自动化测试概述

自动化测试是把以人为驱动的测试行为转换为机器执行的过程。广义上来讲,一切通过工具/程序来代替/辅助手工测试的行为都可以看作自动化测试。狭义上来讲,自动化测试是通过工具记录或编写脚本的方式模拟手工测试的过程,通过回放或运行脚本来执行测试用例,从而代替人工对系统功能进行验证。

9.1.1 手工测试和自动化测试

手工测试需要由人工去一个一个地执行测试用例,通过键盘鼠标等输入一些参数,查看返回结果是否符合预期结果。手工测试同样需要熟悉业务、基本测试方法。对业务的熟悉让手工测试可以发现别人发现不了的软件问题,因此,手工测试仍是无法替代的一种测试方法。

自动化测试是使用工具、脚本和软件对重复、预定义的操作来执行测试用例的过程。自动化测试是软件开发生命周期的重要组成部分,主要应用在对基础代码进行修改后的回归测试。随着时间的流逝,回归测试的数量将会增加,测试人员将承受很大的压力,而创新和增长的时间会越来越少。自动化回归测试极大地提高了测试效率。

手工测试与自动化测试都是一种测试手段。软件测试有四个过程:测试需求分析,设计测试架构、方案、用例,落实测试方案、具体测试点,执行。其中,自动化测试关注的是最后一个阶段"执行"。

自动化测试相比手工测试具有以下优势。

（1）提高测试效率，节约时间成本。

（2）解放人力做更重要的工作（测试需求分析、设计测试用例）。

（3）可重复利用，减少对人的依赖。

（4）提升软件测试团队整体水平（解放人力、提升效率）。

（5）可大幅度减少兼容性测试的工作量（回归测试）。

（6）对程序回归测试更为方便。

（7）测试具有一致性（机器自动执行）、可重复性。

（8）有些测试必须依靠自动化测试。

自动化测试并不能完全代替手工测试，它的局限性表现在以下方面。

（1）开发自动化测试脚本周期长。

（2）随着产品迭代，自动化测试脚本也要不断迭代，时间成本高。

（3）不同项目之间自动化脚本重用度低。

（4）对短期的项目型产品自动化测试价值不高。

（5）无法代替手动测试找到的 Bug。

（6）对团队技术的要求高（代码）。

手工测试发现的缺陷远比自动化测试多。自动化测试是几乎无法发现新缺陷的，其最大的用处是用来回归，确保曾经的 Bug 没有在新的版本上重新出现。自动化测试工具是死的，它不具备任何想象力，自动化测试的好坏完全取决于测试工程师。另外，自动化测试成本投入高、风险大，对测试人员的技术要求高，对测试工具同样有要求。

9.1.2　适合自动化测试的项目

从投入产出比的角度衡量，只要自动化产出大于投入的产品，都可以考虑进行自动化测试。那么如何计算自动化产出呢？用一个简化的公式可以表达如下。

自动化的收益＝迭代次数×全手动执行成本－首次自动化成本－维护次数×维护成本

从产品维度的角度出发，全部手动执行成本越高，迭代次数越多，则收益越明显。所以体量越大，成熟度越高，更新频率越高，就越适合进行自动化测试。简言之，项目周期长，系统版本不断更新，并且需求不会频繁变更，此时是适合引入自动化测试的。

9.1.3　自动化测试所需技能

自动化测试是测试工程师通过利用适当的工具或技术技能，与项目团队密切联系，准备、执行和报告产品和服务的专业测试。自动化测试所需技能如下。

1. 建立自动化思维

能够发现问题，并辅以自动化方式解决问题，这就是自动化思维。就像学习一门武功，自动化思维就是武林秘籍，而编程语言就是使用的兵器，语言的选择决定了兵器是否好用，而最重要的还是能否了解武林秘籍的精髓，也就是建立自动化思想。

2. 测试相关知识储备

例如进行 Web 测试，就需要了解 JavaScript、CSS、HTML、XPath，如果进行移动端测试,就得具备 Android 开发基础和 iOS 开发基础,会调试 APP。

3. 掌握一门开发语言

学习一种编程语言,Java、Python、Ruby、C♯等都可以。

4. 善于学习

IT 行业发展太快,每隔一段时间就会出现一些新的东西,原来很火的东西也会逐渐没落,谁都无法预测。

◆ 9.2　自动化测试脚本开发

自动化测试项目像普通的软件开发项目一样,有编码阶段,自动化测试的编码阶段主要是编写脚本实现所设计的自动化测试用例。

9.2.1　自动化测试脚本编写原则

自动化测试的根本目的是提高效率和降低成本。在实施自动化测试之前,需要进行如下思考。

首先,项目是否真的需要自动化测试,投入产出比如何?

其次,什么自动化方法更适合?

最后,如何实现自动化?

在实际项目中,很多测试人员过多地考虑第三个问题,也会做一些关于第二个问题的调查,但往往缺乏对第一个问题的思考。在此建议读者从自己项目的角度出发,慎重思考自动化测试的投入和收益,选择适合项目的方法,使投入产出比最大化。以移动端测试,使用 Appium 作为自动化测试工具为例。往往要考虑下面几点。

(1) 被测试程序主要变化的地方是什么,是否适合用 UI 自动化测试,如果应用程序 UI 变化概率比较小,代码变动主要是下层逻辑,这样的程序比较适合做 UI 自动化测试。如果 UI 变化大,那么 UI 自动化脚本维护成本就会很大,自动化测试投入产出比不高。

(2) 被测试的程序是什么类型的应用? 例如游戏类的测试,可能很多的画面都是通过 OpenGL 直接渲染的,Appium 无法找到 OpenGL 直接渲染出来的画面里的元素,而且从 UI 上去验证游戏画面非常困难,在这种情况下,如果通过 UI 实施自动化测试可能需要大量的后期人工检查。

(3) 自动化测试的目标是什么,是否对测试的运行时间有要求,如果自动化的目标是快速地回归,要求测试脚本短时间内完成大批脚本的运行的话,此时可能不适合用 Appium。因为 Appium 是 UI 自动化测试,UI 自动化测试的运行同一条测试的时间比人工执行的时间要长,所以很难在短时间内运行大批量的测试。但如果没有时间要求,比如每天晚上定时运行的冒烟测试,则不用考虑时间效率。

(4) 自动化测试是否要脱机执行。例如,性能测试中的耗电量测试,必须断开与计算机的连接,否则 USB 线会给手机充电。由于 Appium 是必须与计算机连接的,以上场景就不能通过 Appium 来实施自动化,可以考虑选择 UIAutomator。

(5) 如果选择 Appium 来实施自动化测试,什么语言比较合适? 可以从当前团队成员的能力考虑,选择学习成本和实施成本较低的语言。

自动化测试的脚本开发其实不难,但测试脚本的维护却是比较困难的。测试脚本设计的思想是尽量地提高测试脚本的可重用性和稳定性,降低脚本的维护成本,提高收益。

1. 提高可重用性

提高测试脚本的可重用性可以一定程度上降低开发和维护成本。脚本可重用性体现在测试代码重用和测试脚本模板重用两方面。

测试代码的可重用性主要是公共过程的提取,如将 Appium 连接的建立和网络初始化放到这个方法中,就不用再在每个脚本中重复开发;测试场景中常用的方法也被提取出来,形成公共方法库。

测试脚本模板重用是指抽取脚本通用部分,开成公共模板,便于后期快速开发脚本。

2. 提高稳定性

Appium 的自动化测试在运行过程中遇到的稳定性问题主要有以下几种情况。

(1) 用例运行时受前一个用例运行的影响,程序状态不正确导致测试脚本运行错误。最常遇到的是前一个脚本异常退出,Session 还没有正常结束,可能导致后面用例在建立 Session 时失败。

(2) 脚本包含多个用例,如果用例查找控件失败,则会抛出异常,导致整个脚本都退出了,后续用例将不能正常运行。例如,在刚开始的时候脚本没有做任何异常捕获,当用例出现异常时直接就中断了该脚本的运行,后面的用例就不可能再被运行了。

(3) 在程序运行过程中,未预期的消息框弹出,导致测试脚本运行出错。

在写自动化测试脚本时,可以遵循下面两个原则提高测试脚本的稳定性。

首先,用例之间不相互耦合,每一个用例都是一个可独立运行的方法,不依赖任何其他的用例。

其次,每个测试脚本都从程序启动状态开始运行,因为中间状态不能确保正确。如果用例会对程序有一些设置,那么每个用例结束后将设置状态恢复到初始状态。将每一个测试脚本的代码都包含在 try-except 中,保证测试脚本中的异常都能被每个用例捕获,即使当前用例失败了,后续用例也可以正常运行。

3. 降低维护成本

UI 自动化测试脚本的维护主要发生在 UI 变更时。UI 的变更主要有以下两个方面。

(1) 功能的流程发生变化。

(2) 控件的信息(如 ID)发生变化。

测试过程提取为公共方法的作用之一就是降低过程变化时的维护成本。当流程发生变化时,只需要改动公共方法,而不用对每个脚本进行维护。最常见的情况就是每个用例都需要处理新功能引导页,而且每个版本发布时新功能引导页都可能会变化。如果将该方法提取出来,则当新功能引导变化时,只需要维护该方法即可。

而针对控件信息发生变化的情况,可以采用的方法是将控件的信息集中维护到一个常量文件中,当控件信息发生变化时,只需要维护该文件即可,不用修改用例脚本。

9.2.2　自动化测试脚本的开发方法

自动化测试脚本的开发方法主要有以下几种:线性脚本、结构化脚本、共享脚本、数据驱动脚本、关键字驱动脚本。

1. 线性脚本

线性脚本的编写方法是使用简单的录制回放的方法,测试工程师使用这种方法来自动化地测试系统的流程或某些系统测试用例。它可以包含某些多余的函数脚本。

2. 结构化脚本

结构化脚本编写方法在脚本中使用结构控制。结构控制让测试人员可以控制测试脚本或测试用例的流程。在结构化脚本中,典型的结构控制是使用 if-else、switch、for、while 等条件状态语句来帮助实现判定、某些循环任务和调用其他覆盖普遍功能的函数。

3. 共享脚本

共享脚本编写方法是把代表应用程序行为的脚本在其他脚本之间共享。这意味着把被测应用程序的公共的、普遍功能的测试脚本独立出来,其他脚本对其进行调用。这使得某些脚本按照普遍功能划分来标准化、组件化。这种脚本甚至也可以使用在被测系统之外的其他软件应用系统。

4. 数据驱动脚本

数据驱动脚本编写方法把数据从脚本分离出去,存储在外部的文件中。这样,脚本就只包含编程代码了,这在测试运行时要改变数据的情况下是需要的。这样,脚本在测试数据改变时不需要修改代码就可以测试自动化。有时候,测试的期待结果值也可以跟测试输入数据一起存储在数据文件中。

5. 关键字驱动脚本

关键字驱动脚本编写方法把检查点和执行操作的控制都维护在外部数据文件。因此,测试数据和测试操作序列控制都是在外部文件中设计好的,除了常规的脚本外,还需要额外的库来翻译数据。关键字驱动脚本编写方法是数据驱动脚本编写方法的扩展。

应该根据测试项目的具体情况选择合适的自动化脚本编写方法。就脚本编写成本来说,线性脚本编写成本最低,关键字驱动脚本编写成本最高;就脚本的维护成本来说,线性脚本维护成本最高,关键字驱动脚本维护成本最低。另外,随着脚本编写方法从线性脚本到关键字驱动脚本的改变,对一个测试员的编码熟练程度的要求在增加,设计出管理自动化测试项目的要求也在增加。

◆ 9.3　自动化测试工具

测试工具是自动化测试的一个重要组成部分,离开测试工具往往是谈不上自动化测试的。

9.3.1　自动化测试工具分类

测试工具可分为功能测试工具、性能测试工具、白盒测试工具、测试管理工具几种类型。

1. 功能测试工具

功能测试工具主要用于回归测试中,用来检查被测软件系统是否能够完成用户要求的功能。测试方式一般是通过录制/回放方式来支持测试,即录制用户对被测软件的各种操作,通过测试脚本的编辑,插入各种检查点和数据,来驱动测试用例,以执行各种业务流程。当软件出现新的开发版本时,利用脚本的回放观察各种检查点是否存在失败的情况,观察在多个输入数据驱动下系统输出是否正常。

这类工具的代表产品包括 MI 公司的 WinRunner 和 QTP。

2. 性能测试工具

性能测试工具主要用于性能测试中,用来预测系统行为和性能,度量应用系统的可扩展性。测试方式一般是模拟多个用户(可以达到上万个用户的级别)并发执行关键业务,而完成对软件系统的测试。随着软件系统越来越复杂,缺少性能测试工具去谈性能测试,基本是天方夜谭。而能够使用性能测试工具来支持系统性能优化的测试工程师也要具有相当的技术水平。

这类工具的代表产品包括 MI 公司的 LoadRunner。

3. 白盒测试工具

白盒测试工具主要用于单元测试阶段,用于检查代码、程序结构、类等单元中是否存在缺陷。又可分为静态工具和动态工具。

静态工具仅对代码进行静态语法扫描,侧重于对代码规范、代码设计结构等的检查,不需要执行程序。其代表产品包括 Telelogic 公司的 Logiscope。

动态工具需要执行程序,测试方法是通过程序插桩来统计程序运行数据。其代表产品包括 Compuware 公司的 DevPartner。

4. 测试管理工具

测试管理工具主要用于对测试计划、测试需求、测试用例、测试实施、软件缺陷等进行管理。其代表产品包括 MI 公司的 TestDirector。

9.3.2　主流的自动化测试框架

软件测试的自动化一般可以分为 3 层:代码层自动化测试、接口层自动化测试、UI 层自动化测试。

1. 代码层自动化测试

代码层的自动化一般指针对代码进行的单元测试,是比较常用的单元测试框架。例如,Java 的 JUnit、Python 的 PyUnit 等。

2. 接口层自动化测试

接口层的自动化测试主要是对系统和组件之间的接口进行测试,主要目标是校验数据的交换和业务的流程,接口测试可以测试功能,也可以测试性能、测试压力、测试安全等。由于接口比代码单元要稳定很多,所以自动化脚本维护成本更低、收益也更大,具有不错的性价比。常用的测试工具有以下几种。

JMeter:由 Apache 组织开发的基于 Java 的接口测试、压力测试和性能测试工具,起初为 Web 测试而设计,后来逐步扩展到其他领域,可以用来测试静态或者动态的资源。

LoadRunner:HP 公司提供的一款性能测试和压力测试工具,可以通过模拟成千上万用户实施并发操作来测试系统性能,并且有详细的测试结果分析,是性能测试和压测的不错选择。

Robot Framework:一款开源的自动化测试框架,具有很好的可扩展性。框架用 Python 编写,同时也提供跨平台支持。

Postman:简单方便且功能强大的接口调试工具,API 调试首选。

3. UI 层自动化测试

基于 UI 层的自动化测试框架要复杂很多,从平台种类来讲,有 Windows、Linux、Android、iOS、Web,还有最新的小程序等,下面是两款主流的 UI 层自动化框架。

1) Appium

Appium 是一款开源的自动化测试工具,支持 iOS、Android、Windows 和 Mac 应用。Appium 具有跨平台特性,可以在 OSX、Windows 以及 Linux 桌面上运行;Appium 又是跨语言的,它采用了 C/S 的设计模式,扩展了 WebDriver 协议,因此 Client 用 Python、Java、JavaScript/Node.js、Ruby、OC、C♯等各种语言来实现。

Appium 的核心是一个遵守 REST 设计风格的 Web 服务器,它会用来接受客户端的连接和指令。由于统一的接口设计,客户端便可以用多种语言来实现,从而用自己喜欢的语言来实现测试用例。

服务端收到测试指令后会发送给设备,在设备层则使用设备商提供的原生测试框架,例如,iOS 的 XCUITest Driver 和 UIAutomation Driver,安卓的 UIAutomator 和 UIAutomator2 等。

2) Selenium

Selenium 是一款开源的 Web 应用自动化测试工具,可以直接运行在多种浏览器平台中,就像用户真实操作一样。

Selenium 同样具有跨平台特性,也可以在 OSX、Windows 以及 Linux 桌面上运行,支持 Firefox、Chrome、IE、Edge、Opera、Safari 浏览器。

9.3.3　UI 自动化测试工具 Airtest

Airtest 是网易出的基于图像识别和 Poco 控件识别的一款 UI 自动化测试工具。Airtest 可以通过屏幕截图的方式来获取我们想要操作的区域。例如,对一些按钮进行测试时,可以不再写复杂的代码去获取按钮的信息,直接对按钮进行截图,把截图放在程序中,程序就会自动识别到截图中的位置以访问该按钮。另外,Airtest 可以通过控件的 name、id 等信息来定位目标控件,再调用函数方法对控件进行不同的操作。

1. Airtest 下载

去官网下载(http://airtest.netease.com/),选适合自己计算机的版本,下载页面如图 9-1 所示。

2. Airtest 使用

1) 主界面

打开 Airtest,主要有 Poco 辅助窗口、Airtest 辅助窗口、脚本编辑窗口、Log 查看窗口、设备窗口,如图 9-2 所示。

Poco 辅助窗口:在这里可以选择相应的类型,例如,要测试安卓手机,则选择 Android。

Airtest 辅助窗口:显示一些常用的函数,例如 touch、swip 等。

脚本编辑窗口:在这里可以输入测试代码。

Log 查看窗口:当运行程序时,这里会显示程序运行的情况,如果有错误,这里也会显示报错信息。

设备窗口:这里会显示连接的设备,可以显示设备的界面等。

图 9-1　Airtest 下载页面

图 9-2　Airtest 主界面

2）连接手机

手机通过 USB 连接上计算机，打开手机端的 USB 调试功能，观察 Airtest 设备窗口有无手机出现，没有则单击"刷新 ADB"按钮，若仍然没有，则检查手机是否开启了 USB 调试功能。

连接上手机后，单击 Connect 按钮，就能在设备窗口中看见手机的屏幕了。该窗口与手机页面保持同步，可以在该窗口上的页面控制手机端的页面，如图 9-3 所示。

3）Poco 的使用

Poco 辅助窗口如图 9-4 所示。Poco 类型根据所要测试的对象来选择，例如常用的

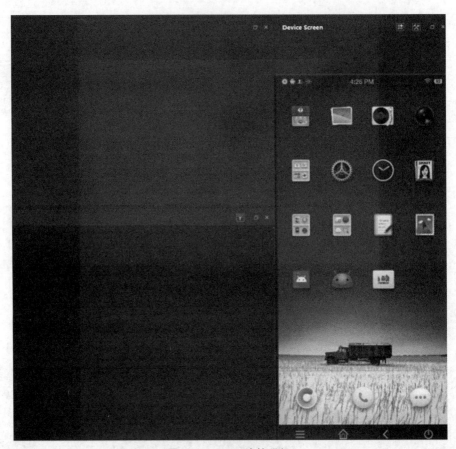

图 9-3　Airtest 连接手机

Android、iOS 等,如图 9-5 所示。

图 9-4　Airtest Poco 辅助窗口

4) Airtest 的简单使用

　　单击 Airtest 辅助窗口中的方法,根据要求去设备窗口截图。例如,先单击 Airtest 辅助窗口中的 touch 方法,再去设备窗口中截取想要单击的按钮图像,这样脚本窗口就能显示出已经调用了一个 touch()方法,如图 9-6 所示。

图 9-5 Airtest Poco 类型

图 9-6 Airtest 的简单使用

5）Airtest 生成测试报告

编写好测试脚本之后，Airtest 还能一键生成测试报告。单击如图 9-7 所示位置的按钮就可以生成测试报告了，如果测试脚本出现了错误，在报告中可以清楚地看到具体哪一步是怎么出错的。

图 9-7 Airtest 生成测试报告

9.3.4　单元测试工具

单元测试涉及内容众多,工作量大,有必要借助工具来减少重复劳动,降低人工工作强度,提高测试效率。因此,单元测试通常是以自动化的方式执行,在大量回归测试的场景下更能带来高收益。

根据单元测试的内容,单元测试工具可分为以下几类。

(1) 静态分析工具。

(2) 代码规范审核工具。

(3) 内存和资源检查工具。

(4) 测试数据生成工具。

(5) 测试框架工具。

(6) 测试结果比较工具。

(7) 测试度量工具。

(8) 测试文档生成和管理工具。

单元测试是软件测试程序员在做软件测试的时候会经常用到的一个测试方法,常用单元测试工具有 C++ Test、NUnit、JUnit 等,第 10 章会详细介绍单元测试工具 JUnit 的使用。

单元测试工具 JUnit

本章内容
- 单元测试工具 JUnit 简介
- @Before 和@After 注解的应用
- 参数化运行器的应用
- 测试集的应用

学习目标
(1) 理解为什么使用单元测试工具 JUnit。
(2) 掌握@Before 和@After 注解的应用。
(3) 掌握参数化运行器的应用。
(4) 了解测试集的应用。

◇ 10.1　单元测试工具 JUnit 简介

JUnit 是一个 Java 语言的单元测试框架,是用于编写和运行可重复自动化测试的开源测试框架,用来保证程序代码按照预期工作。JUnit 主要特点如下。

(1) JUnit 是用于编写可复用测试集的简单框架,是 xUnit 的一个子集。(xUnit 是一套基于测试驱动开发的测试框架,有 PythonUnit、CppUnit、JUnit 等。)

(2) JUnit 测试是程序员测试,即所谓白盒测试,因为程序员知道被测试的软件如何(How)完成功能和完成什么样(What)的功能。

(3) 多数 Java 的开发环境都已经集成了 JUnit 作为单元测试的工具,如Eclipse。

(4) JUnit 提供断言测试预期结果。例如,最常用的断言"assertEquals(Object expected,Object actual)"检查两个变量(可以为布尔值,可以为文本,也可以为数据)或等式是否相等。

(5) JUnit 提供注解和参数化运行器。

(6) JUnit 提供运行测试的测试套件。

(7) JUnit 显示测试进度,如果测试时没有问题条形是绿色的,测试失败则会变成红色。

◆ 10.2 手工测试与 JUnit 测试比较

单元测试是测试应用程序的功能是否能够按需要正常进行，是一个对单一实体（类或方法）的测试。下面通过一个具体的示例来分析一下使用单元测试工具 JUnit 的必要性。

例 10-1 某高校在校学生创新学分成绩评定规则程序的单元测试。

假设某高校规定在校学生创新学分的成绩评定规则如表 10-1 所示。要求编写 Java 代码实现如下功能：输入高校在校学生创新学分的单项最高分和总分，将按规则输出该生的创新学分成绩（优秀、良好、中等、及格、不及格）。

表 10-1 创新学分成绩评定规则

单项最高分	总　　分	成　　绩
大于或等于 5 分		优秀
	大于或等于 7 分	优秀
大于或等于 4 分		良好
	大于或等于 6 分	良好
大于或等于 3 分	大于或等于 5 分	中等
	大于或等于 4 分	及格
	小于 4 分	不及格

参考程序代码如图 10-1 所示。程序代码包括两个 Java 类：Chuang 类和 Snippet 类。Chuang 类用于实现创新学分成绩的计算，Snippet 类实现根据输入的创新学分输出创新学分成绩。

```java
public class Chuang {
    double single_Max; //单项最高分
    double sum; //总分
    public double getSignle_Max() {return single_Max;} // Getter
    public void setSignle_Max(double singlemax) {this.single_Max=singlemax;}// Setter
    public double getSum() {return sum;}
    public void setSum(double sum) {this.sum=sum;}
    public Chuang (double sm, double s)//参数初始化
    {
        single_Max=sm;        sum=s;
    }
    public String getGrade() {      //根据单项最高分和总分判断成绩
        String result="";
        if (single_Max>=5 || sum>=7)
            result = "优秀";
        else if (single_Max>=4 || sum>=6)
            result = "良好";
        else if ((single_Max>=3 && sum>=4) || sum>=5)
            result = "中等";
        else if (sum>=4)
            result = "及格";
        else
            result = "不及格";
        return result;
    }
}
```

(a) Chuang类的实现代码

图 10-1　例 10-1 的实现代码

```
┌─ Snippet.java ⊠ ─┬─ *Chuang.java ─┐
1  package snippet;
2
3  import java.util.Scanner;
4
5  public class Snippet {
6⊖     @SuppressWarnings("resource")
7      public static void main(String[] args)
8      {
9          //方案1
10         Scanner reader= new Scanner(System.in);
11         double sm=0.0; double s=0.0;
12         System.out.println("请输入单项最高分和总分，以等号结束;");
13         while (reader.hasNextDouble()) {
14             sm=reader.nextDouble();
15             s=reader.nextDouble();
16         }
17         Chuang testObj= new Chuang(sm,s);
18
19         String result =testObj.getGrade();
20         String output="单项最高分"+sm+",总分"+s+",成绩是"+result;
21         System.out.println(output);
22     }
23 }
```

(b) Snippet 类的实现代码

图 10-1　（续）

程序运行结果如图 10-2 所示。假设为该程序写了 100 个白盒测试用例，执行这些测试用例时则需要运行 100 次程序。这种完全手工的测试方法是非常费时费力的。

```
┌ ⊡ Problems  @ Javadoc  ⓠ Declaration  ▣ Console ⊠  ▱ Progress ─────────────┐
<terminated> Snippet [Java Application] C:\Program Files\Java\jre1.8.0_171\bin\javaw.exe (2022年6月11日
请输入单项最高分和总分，以等号结束;
6 8
=
单项最高分6.0,总分8.0,成绩是优秀
```

图 10-2　源程序运行结果

10.2.1　在 main 函数中编写测试脚本实现测试

为了提高测试效率，可以编写测试脚本实现：自动获取输入和校验实际输出，并自动判断测试结果；如果出现 Bug，自动记录。参考程序代码如图 10-3 所示。

这样的测试实现可以节省部分手工测试工作，但是仍然存在如下问题。

（1）测试脚本在 main 函数中，测试代码和产品代码混合在一起。但是在提交产品代码时，并不需要测试代码。

（2）不满足一次编写、多次执行的目的。

（3）存在大量重复代码。

（4）测试过程记录不完整。

10.2.2　在 Test 类中编写测试脚本实现测试

为了克服上述测试方案中的问题，从以下几个方面做改进。

（1）把测试代码独立出来，放在 test 文件夹中。

```
  *Snippet.java ✕    Chuang.java
18        String result ="";
19        String expected="";
20        String output="";
21        //测试用例1
22        Chuang testObj= new Chuang(6.0,8.0);
23        result =testObj.getGrade();
24        expected="优秀"; //预期执行结果;
25        if (result==expected) {   //校验执行结果;
26            output="pass";
27        }
28        else
29            output="Fail, 单项最高分 6,总分8,成绩应该是"+expected;
30
31        System.out.println(output);
32
33        //测试用例2
34        testObj= new Chuang(4.0,6.0);
35        result =testObj.getGrade();
36        expected="良好"; //预期执行结果;
37        if (result==expected) {   //校验执行结果;
38            output="pass";
39        }
40        else
41            output="Fail, 单项最高分4,总分6,成绩应该是"+expected;
```

图 10-3　main 函数中的测试脚本

(2) 主动记录执行过程和测试结果。

参考程序代码如图 10-4 所示。

```
public class Test {
    Chuang chuangObj; //
    public void createTestObj(double sm, double s) {chuangObj = new Chuang(sm, s);}
    public void freeTestObj() { chuangObj = null; }
    public boolean verify(String expected, String actual) {⬜
    public String record(double sm, double s, String expected, String actual, boolean testResult) {
        String output = "";
        if(testResult){
            output += "Pass. 单项最高分:" + sm + ", 总分:" + s;
        }else{
            output += "Fail. 单项最高分:" + sm + ", 总分:" + s +
                ", Expected:" + expected + ", Actual:" + actual;
        }
        return output;
    }
    public void testGetGrade1() {
        createTestObj(5.0,8.0);
        String actual = chuangObj.getGrade();
        boolean testResult= verify("优秀",actual);
        System.out.println(record(5.0,8.0,"优秀",actual,testResult));
        freeTestObj();
    }
    public static void main(String[] args) {
        Test test= new Test();
        test.testGetGrade1();
    }
}
```

图 10-4　Test 类中的测试脚本

这样的测试实现虽然可以自动运行测试用例,自动校验测试结果,自动报告缺陷,自动记录测试过程,自动统计测试情况,但还存在如下问题:

（1）测试逻辑复杂。

（2）测试代码不灵活，不能很好地适应测试设计的变化。

（3）测试代码重用度不高。

单元测试工具 JUnit 很好地解决了上述问题，简化了单元测试，在代码中如果发现问题可以较快地追踪到问题的原因，减小回归错误的纠错难度。下面将尝试使用单元测试工具 JUnit 进行自动化测试。

10.3　单元测试工具 JUnit 的使用

JUnit 促进了"先测试后编码"的理念，强调建立测试数据的一段代码，可以先测试，然后再应用。这个方法就好比"测试一点，编码一点，测试一点，编码一点……"，增加了程序员的产量和程序的稳定性，可以减少程序员的压力和花费在排错上的时间。另外，JUnit 是一个回归测试框架，被开发者用于实施对应用程序的单元测试，加快程序编制速度，同时提高编码的质量。

10.3.1　使用 JUnit 工具进行简单测试

使用 JUnit 工具进行测试的步骤很简单，一般分为以下四个步骤。

1. 写测试类

一般一个类对应一个测试类，如 Tool.java 和 ToolTest.java。测试类与被测试类最好是放到同一个包中，测试类的名字为被测试类的名字加 Test 后缀。

2. 写测试方法

一般一个方法对应一个单元测试方法。测试方法的名字为 test 前缀加被测试方法的名字，如 testAddPerson()。单元测试方法上面要加上@Test 注解（org.junit.Test）。

单元测试方法不能有参数，也不能有返回值（返回 void）。测试的方法不能是静态的方法。

3. 运行测试

选中方法名→右击→ Run'测试方法名'，运行选中的测试方法；选中测试类类名→右击→Run '测试类类名'，运行测试类中所有测试方法；选中模块名→右击→Run 'All Tests'，运行模块中的所有测试类的所有测试方法。

4. 执行测试

测试哪个方法，加上@Test 注解，就把光标放在哪个方法里，run as junit test；注意一定要在测试完毕后删除；因为这个测试注解可能会影响正常的代码执行。

在上述例子中，执行下面的步骤进行简单的单元测试。

（1）选中被测试类 Chuang，在右键菜单中选择 New→JUnit Test Case 命令，如图 10-5 所示，出现如图 10-6 所示的窗口。

（2）在如图 10-6 所示的窗口中，单击 Next 按钮，出现如图 10-7 所示的窗口。

（3）在如图 10-7 所示的窗口中，选中函数 Chuang(double,double)作为被测试对象，单击 Finish 按钮，出现如图 10-8 所示的代码窗口。

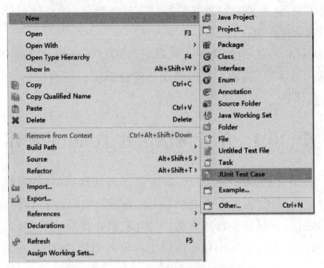

图 10-5   JUnit 自动创建被测试类菜单

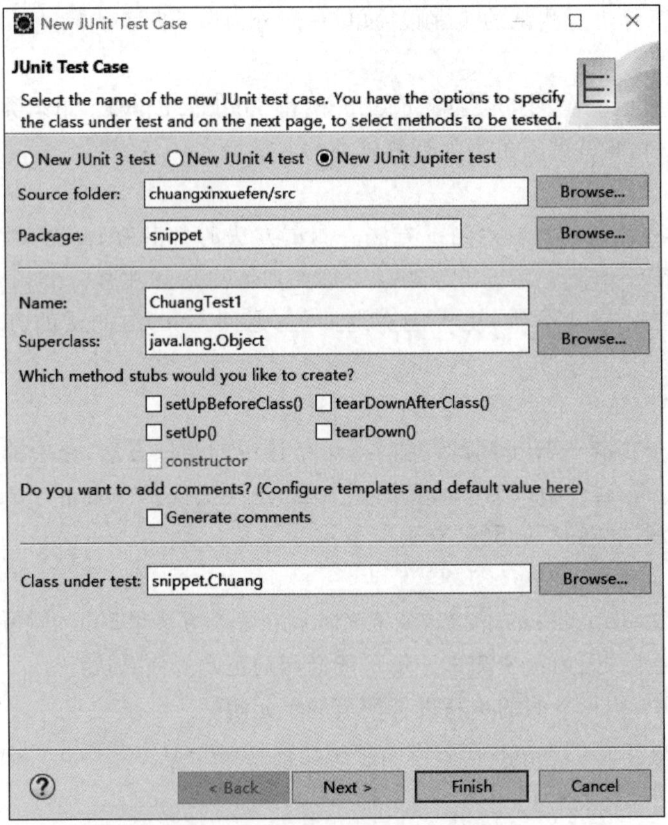

图 10-6   JUnit 自动创建被测试类窗口

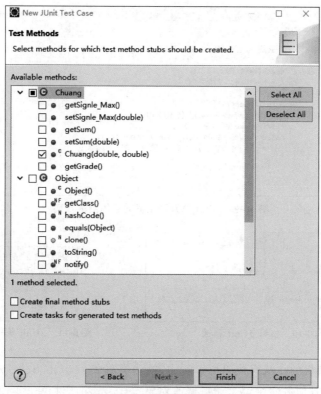

图 10-7　测试单元的选择

```
[Snippet.java]  [Chuang.java]  [Test.java]  [ChuangTest.java]  [ChuangTest1.java] ⊠
 1  package snippet;
 2
 3⊕ import static org.junit.jupiter.api.Assertions.*;
 6
 7  class ChuangTest1 {
 8
 9⊖     @Test
10      void testChuang() {
11          fail("Not yet implemented");
12      }
13
14  }
15
```

图 10-8　JUnit 自动生成的单元测试框架

（4）在如图 10-8 所示的代码窗口中编写简单的测试代码,结果如图 10-9 所示,选择如图 10-10 所示的执行菜单选项,出现如图 10-11 所示结果窗口,绿色代表测试通过。

勤思敏学 10-1：思考：上述例子中仅实现了"优秀"成绩的测试,如何进一步实现"良好""中等""及格""不及格"成绩的测试?

10.3.2　@Before 和@After 注解的应用

10.2.1 节例子中,要完成对所有创新学分成绩的测试,需要进一步补充代码。图 10-12 所示窗口右边是一种代码补充方案,但从窗口左边的运行情况可以看出,testChuangPass() 方法的测试失败了。这是因为尽管几个测试方法在代码窗口中有前后顺序,但在 JUnit 中

```
Snippet.java 🛈  Chuang.java    Test.java    ChuangTest.java  *ChuangTest1.java

 1  package snippet;
 2
 3⊖ import static org.junit.jupiter.api.Assertions.*;
 6
 7  class ChuangTest1 {
 8      Chuang testObj; //被测类
 9⊖     @Test
10      void testChuang() {
11          testObj = new Chuang (5.0,8.0);
12          String expected = "优秀";
13          assertTrue(testObj.getGrade()==expected);
14          //fail("Not yet implemented");
15      }
16
17  }
18
```

图 10-9   JUnit 单元测试框架下的测试代码

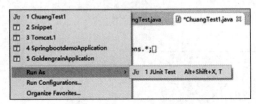

图 10-10   执行 JUnit 测试

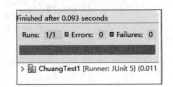

图 10-11   JUnit 第一次测试执行结果

的执行顺序却是随机的。观察代码可以看出，被测类对象 testObj 只在 testChuangGreat( )
方法中被创建，在其他方法中都是通过修改对象 testObj 的属性值来实现不同数据的测试。
如果 testChuangGreat( )方法不是第一个被运行方法，那么将会出现对象 testObj 没有被创
建就被调用的错误，就是图 10-12 所示的结果。

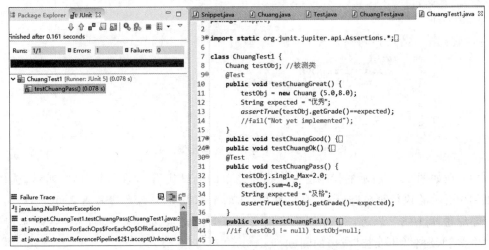

图 10-12   JUnit 第一次测试补充代码

为了解决这类问题，JUnit 提供了@Before 和@After 注解。其中，@Before 注解在每
个测试用例执行之前执行一次，@After 注解在每个测试用例执行之后执行一次。这为测
试前创建类对象和测试后释放类对象提供了方便。除此之外，JUnit 还提供了@
BeforeClass 和@AfterClass 注解，分别在测试类的所有测试用例执行前和执行后执行。也

就是说,在测试用例执行时,首先执行@BeforeClass 所注解的方法,接下来,针对每一个测试用例,先执行由@Before 所注解的方法,接着执行由@Test 所注解的测试方法,再执行由@After 所注解的方法,在所有测试用例执行完成后,最后执行@AfterClass 所注解的方法。

接下来,使用@Before 和@After 注解来实现上述测试。

首先,新建测试类 ChuangTestBefore,并在出现的创建窗口中选择 setUpBeforeClass、tearDownAfterClass、setUp、tearDown 复选框,如图 10-13 所示,产生如图 10-14 所示窗口,添加适当代码。

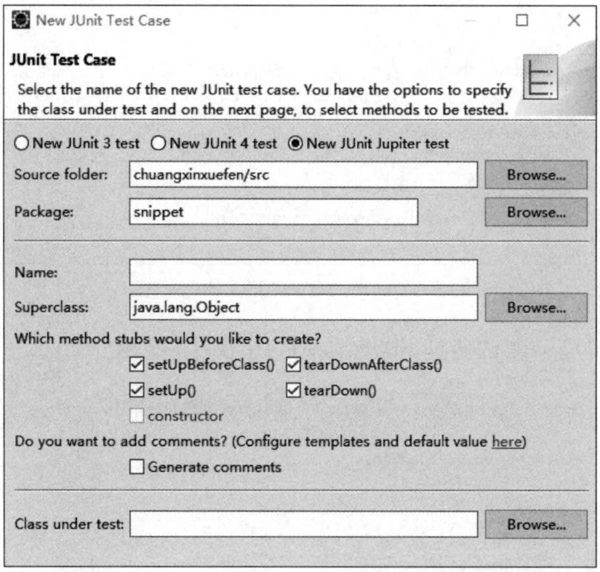

图 10-13　添加@Before 和@After、@BeforeClass 和@AfterClass 注解

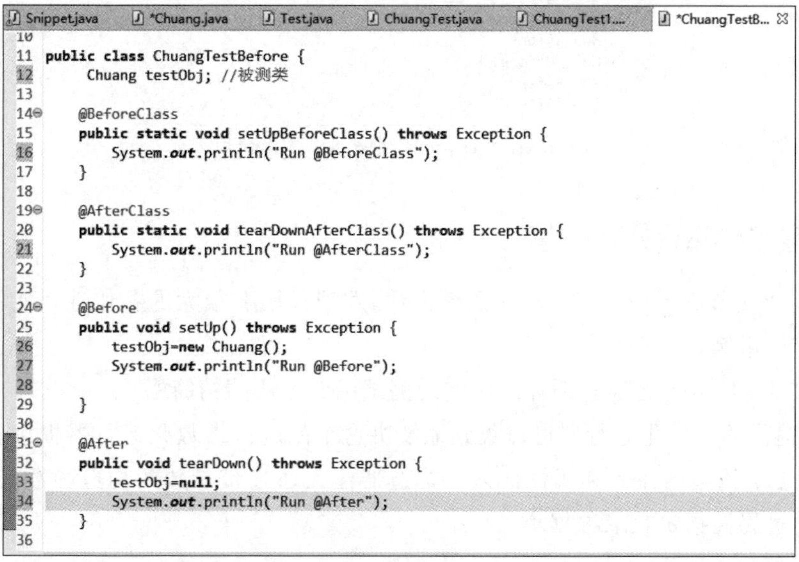

图 10-14　@Before 和@After、@BeforeClass 和@AfterClass 注解方法

接着,在@Test 所示注解方法中添加测试代码,如图 10-15 所示。

```
 Snippet.java      *Chuang.java      ChuangTest.java      ChuangTest1....     ChuangTestBe... ✕  »
                                                                                                ▼
37
38⊖    @Test
39     public void testChuangGreat() {
40         testObj.single_Max=6.0;
41         testObj.sum=8.0;
42         String expected = "优秀";
43         assertTrue(testObj.getGrade()==expected);
44         //fail("Not yet implemented");
45     }
47⊕    public void testChuangGood() {⬚
54⊕    public void testChuangOk() {⬚
60⊖    @Test
61     public void testChuangPass() {
62         testObj.single_Max=2.0;
63         testObj.sum=4.0;
64         String expected = "及格";
65         assertTrue(testObj.getGrade()==expected);
66     }
67⊖    @Test
68     public void testChuangFail() {
69         testObj.single_Max=2.0;
70         testObj.sum=3.0;
71         String expected = "不及格";
72         assertTrue(testObj.getGrade()==expected);
73     }
      ‹
```

图 10-15   @Before 和 @After、@BeforeClass 和 @AfterClass 注解方法实现

最后，执行程序，显示测试通过，输出结果如图 10-16 所示。

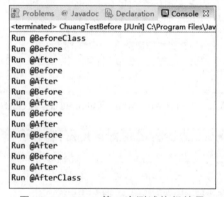

图 10-16   JUnit 第二次测试执行结果

10.3.3   参数化运行器的应用

观察 10.2.2 节例子中的 5 个测试用例方法，发现代码有很大的相似性。能不能进一步精简这些测试用例方法呢？

勤思敏学 10-2：能否通过循环结构实现测试用例方法的精简？

JUnit 提供的参数化运行器可以很好地解决这个问题。参数化运行器提供了两种测试数据准备方法：构造器注入和属性注入。构造器注入通过带参数的构造函数获取数据集，属性注入通过属性指定获取数据集。

1. 构造器注入

首先，新建测试类 ChuangTestPara，并在出现的创建窗口中选择 setUpBeforeClass、tearDownAfterClass、setUp、tearDown 复选框，如图 10-17 所示。

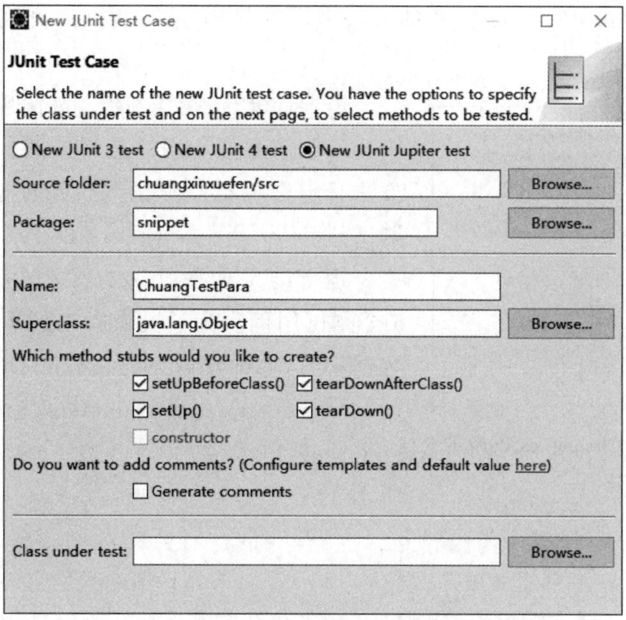

图 10-17　JUnit 新建测试类 ChuangTestPara

接下来，导入 import org.junit.runners.Parameterized 包，引入注解@RunWith(Parameterized. class)指定参数化运行器。

接着，在测试类 ChuangTestPara 中为测试用例输入和预期输出定义私有属性，并编写构造函数实现属性的初始化。

然后，引入注解@Parameterized.Parameters，并编写方法实现测试数据集的准备，具体代码如图 10-18 所示。

```java
14  import org.junit.runners.Parameterized;
15  //1.指定参数化运行器
16  @RunWith(Parameterized.class)
17  public class ChuangTestPara {
18      Chuang testObj; //被测类
19      //定义属性
20      private double singlemax;
21      private double sum;
22      private String expected;
23      //定义构造方法
24  public ChuangTestPara(double sm, double sum, String exp) {
25      this.singlemax=sm;
26      this.sum=sum;
27      this.expected=exp;
28  }
29  //2.准备测试数据
30  @Parameterized.Parameters
31  public static Collection testDataset() {
32
33      return Arrays.asList(new Object[][] {
34          {6.0,8.0,"优秀"},
35          {4.0,6.0,"良好"},
36          {3.0,5.0,"中等"},
37          {2.0,4.0,"及格"},
38          {2.0,3.0,"不及格"}
39      });
40  }
```

图 10-18　测试类 ChuangTestPara 中添加构造器

最后,在@Before 和@After 注解的方法中添加代码,编写测试用例执行方法,如图 10-19 所示。

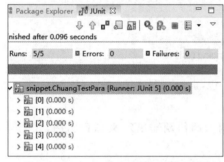

```
@Before
public void setUp() throws Exception {
    testObj=new Chuang(singlemax, sum);
}

@After
public void tearDown() throws Exception {
    testObj=null;
}

@Test
public void test() {
    assertTrue(testObj.getGrade()==expected);
    //fail("Not yet implemented");
}
```

图 10-19　测试类 ChuangTestPara 的测试代码

需要注意的是,与 10.2.2 节例子不同,此例中@Before 注解方法调用的是带参的构造函数,测试用例方法只包含一行断言语句即可实现不同测试用例的测试。

运行结果如图 10-20 所示,可以看出共执行了 5 个测试用例。为了提高脚本的可读性,在准备测试数据集时,修改注解"@Parameterized.Parameters"为"@ Parameterized. Parameters (name = "{index}: getGrade[{0},(1)] = [{2}]")",含义如图 10-21 所示。

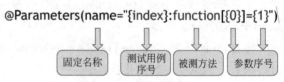

图 10-20　JUnit 第三次测试执行结果

图 10-21　修改注解含义

再次运行测试程序,结果如图 10-22 所示,可读性得到了极大提高。

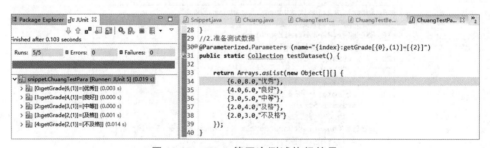

图 10-22　JUnit 第四次测试执行结果

2. 属性注入

首先,新建测试类 ChuangTestPara 2,并在出现的创建窗口中选择 setUp,tearDown。接下来,导入 import org.junit.runners.Parameterized 包,引入注解@RunWith(Parameterized.class)指定参数化运行器。

接着,在测试类 ChuangTestPara 中为测试用例输入和预期输出定义公有属性,并分别引入注解 @ Parameterized. Parameter (0)、@ Parameterized. Parameter (1)、@ Parameterized. Parameter(2),JUnit 将自动对应到测试数据集的第 1 个参数、第 2 个参数、第 3 个参数。

然后,引入注解@Parameterized.Parameters,并编写方法实现测试数据集的准备,具体代码如图 10-23 所示。

```java
13  import org.junit.runner.RunWith;
14  import org.junit.runners.Parameterized;
15  //1.指定参数化运行器
16  @RunWith(Parameterized.class)
17  public class ChuangTestPara2 {
18      Chuang testObj; //被测类
19      //设置第1个参数
20      @Parameterized.Parameter(0)
21      public double singlemax;
22      //设置第2个参数
23      @Parameterized.Parameter(1)
24      public double sum;
25      //设置第2个参数
26      @Parameterized.Parameter(2)
27      public String expected;
28      @Parameterized.Parameters
29      public static Collection testDataset() {
30
31          return Arrays.asList(new Object[][] {
32              {6.0,8.0,"优秀"},
33              {4.0,6.0,"良好"},
34              {3.0,5.0,"中等"},
35              {2.0,4.0,"及格"},
36              {2.0,3.0,"不及格"}
37          });
38      }
```

图 10-23　JUnit 属性注入

最后，与构造器注入一样，在 @Before 和 @After 注解的方法中添加代码，编写测试用例执行方法。运行测试程序，结果如图 10-24 所示。

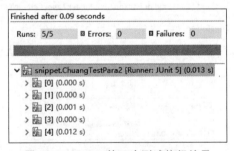

图 10-24　JUnit 第五次测试执行结果

勤思敏学 10-3：为了提高脚本的可读性，如何修改注解？

10.3.4　测试集的应用

测试集就是包含若干个测试类的集合，下面通过一个具体的实例，来了解一下 JUnit 的测试集的使用。

新建素质教育类 QualityEducation，并添加适当代码，如图 10-25 所示。

在包内创建测试集类 TestSuite，添加测试集运行器、测试集所包括的测试类，代码如图 10-26 所示。

运行该测试集，结果如图 10-27 所示。

```
J Chuang.java    J ChuangTestBe…    J ChuangTestPa…    J QualityEduca… ⊠
 3  public class QualityEducation {
 4      double ave; //平均分
 5      public double getSum() {return ave;}
 6      public void setSum(double ave) {this.ave=ave;}
 7⊖     public QualityEducation (double a)//参数初始化
 8      {
 9          ave=a;
10      }
11⊖     public QualityEducation ()//参数初始化
12      {
13          ave=0.0;
14      }
15⊖     public String getQualityGrade() {    //根据平均分判断成绩
16          String result="";
17          if (ave>=90)
18              result = "优秀";
19          else if (ave>=80)
20              result = "良好";
21          else if (ave>=70)
22              result = "中等";
23          else if (ave>=60)
24              result = "及格";
25          else
26              result = "不及格";
27          return result;
28      }
29  }
```

图 10-25　JUnit 新建素质教育类 QualityEducation

```
 1  package snippet;
 2
 3⊖ import static org.junit.Assert.*;⬚
 8  @RunWith(Suite.class)
 9  @Suite.SuiteClasses({QualityEducationTestPara.class,ChuangTestBefore.class})
10
11  public class TestSuite {
12  }
13
```

图 10-26　JUnit 创建测试集类 TestSuite

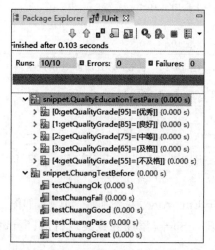

图 10-27　JUnit 第六次测试执行结果

10.3.5　分类测试的应用

如果需要从一个或多个测试类中挑选部分测试用例进行测试,可以使用分类运行器。分类运行器的使用过程如下。

（1）为素质教育类 QualityEducation 新建测试类 QualityEducationTestBefore,如图 10-28 所示。

```
 8
 9  class QualityEducationTestBeforew {
10      QualityEducation testObj; //被测类
11
12
13⊖     @BeforeEach
14      void setUp() throws Exception {
15          testObj=new QualityEducation();
16      }
17
18⊖     @AfterEach
19      void tearDown() throws Exception {
20          testObj=null;
21      }
22
23⊖     @Test
24      public void testQualityEducationGreat() {
25          testObj.ave=95.0;
26          String expected = "优秀";
27          assertTrue(testObj.getQualityGrade()==expected);
28      }
30⊕     public void testQualityEducationGood() {□
36⊕     public void testQualityEducationOk() {□
42⊕     public void testQualityEducationPass() {□
48⊕     public void testQualityEducationFail() {□
53  }
```

图 10-28　JUnit 新建测试类 QualityEducationTestBefore

（2）创建一个新的 Java 类 CategoryTest,并加入如图 10-29 所示的代码。

```
 ♪ChuangTestBe...    ♪ CategoryTes... ✕  ♪ TestSuite.java    ♪ Ggood.java
 1  package snippet;
 2  //指定运行器
 3
 4⊖ import java.util.Locale.Category;
 5
 6  import org.junit.experimental.categories.Categories;
 7  import org.junit.runner.RunWith;
 8  import org.junit.runners.Suite;
 9
10  @RunWith(Categories.class)
11  //设置测试特性
12  @Categories.IncludeCategory({Ggood.class})
13  //设置候选测试集
14  @Suite.SuiteClasses({ChuangTestBefore.class})
15  public class CategoryTest {
16  }
```

图 10-29　JUnit 创建新类 CategoryTest

（3）在图 10-29 所示窗口中,Ggood 是设定的分类标签。为此,需要创建接口 Ggood,如图 10-30 所示,无须添加任何代码。

（4）打开原来编写好的 ChuangTestBefore 类,并在测试方法 testChuangGreat()前加

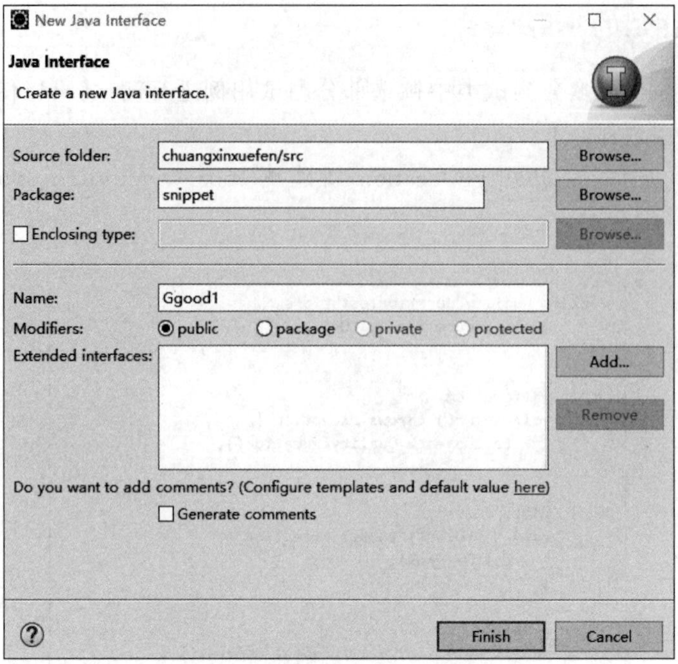

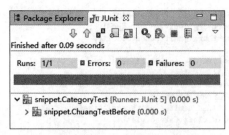

图 10-30　JUnit 创建接口 Ggood

入 Ggood 分类标签注解，如图 10-31 所示。

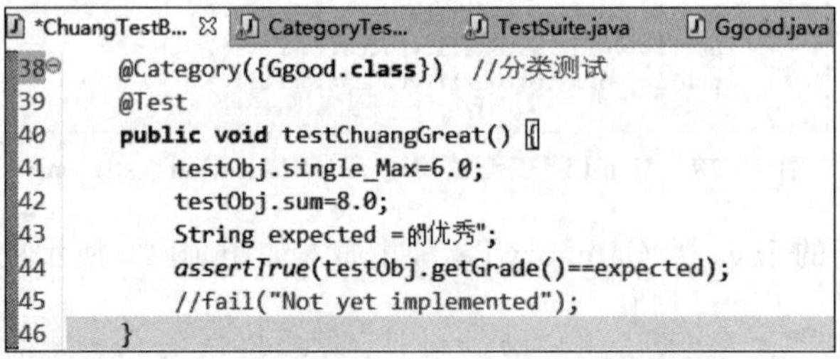

```
*ChuangTestB... ⊠   CategoryTes...   TestSuite.java   Ggood.java
38    @Category({Ggood.class})   //分类测试
39    @Test
40    public void testChuangGreat() {
41        testObj.single_Max=6.0;
42        testObj.sum=8.0;
43        String expected ="的优秀";
44        assertTrue(testObj.getGrade()==expected);
45        //fail("Not yet implemented");
46    }
```

图 10-31　JUnit 加入 Ggood 分类标签注解

运行测试程序，结果如图 10-32 所示。

```
 Package Explorer  JUnit ⊠
 ⇩ ⇧ ▯ ▯ ▯ ▯ ◉ ◐ ▯ ▯ ▯ ▾ ▽
Finished after 0.09 seconds
Runs: 1/1      Errors: 0      Failures: 0

 snippet.CategoryTest [Runner: JUnit 5] (0.000 s)
   snippet.ChuangTestBefore (0.000 s)
```

图 10-32　JUnit 第七次测试执行结果

勤思敏学 10-4：如果需要同时分类测试两个类中的部分测试方法，如何实现？

参 考 文 献

[1] 高静,张丽,陈俊杰,等. 软件测试与质量保证[M]. 北京：清华大学出版社,2022.

[2] 王智钢,杨乙霖. 软件质量保证与测试(慕课版)[M]. 北京：人民邮电出版社,2020.

[3] 胡铮. 软件自动化测试工具实用技术[M]. 北京：科学出版社,2011.

[4] 秦航,畅强. 软件质量保证与测试[M]. 北京：清华大学出版社,2012.

[5] 孟磊. 软件质量与测试[M]. 西安：西安电子科技大学出版社,2015.

[6] 荣建平,倪建成,高仲合. 软件测试实践教程[M]. 北京：清华大学出版社,2014.

[7] 许丽花. 软件测试[M]. 北京：高等教育出版社,2013.

[8] 于艳华,吴艳平. 软件测试项目实战[M]. 2版. 北京：电子工业出版社,2012.

[9] 李龙,黎连业. 软件测试实用技术与常用模板[M]. 2版. 北京：机械工业出版社,2017.

[10] 刘伟. 软件质量保证与测试技术[M]. 哈尔滨：哈尔滨工业大学出版社,2011.

[11] 佟伟光,郭霏霏. 软件测试技术[M]. 北京：人民邮电出版社,2015.